有誰聽到座頭鯨在唱歌

九位先驅科學家的海洋保育故事

張文亮／著　蔡兆倫／繪

目錄

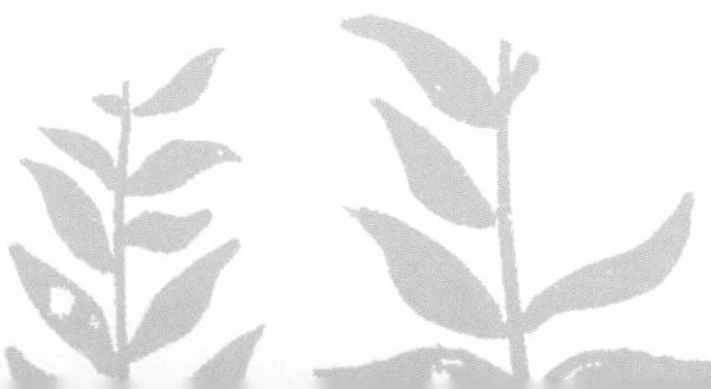

【自序】

有聽到座頭鯨在唱歌嗎？

張文亮

科隆（Ray Krone, 1922-2000）教授是我「波浪力學」的老師，他長得高瘦，一頭白髮。不曉得是不是皮膚的病變，他的臉比白人的皮膚更白，我們私下都稱他「白臉教授」。他講話很慢，走路的速度也慢。二次世界大戰期間，他擔任美國黑貓偵察航空隊（Photo Reconnaissance Squadron）P-38（閃電式轟炸偵察機）的機長，多次進入敵人領空，拍攝照片，曾是飛航英雄。

重新思索工程設計的影響

他來授課前，才剛經歷一場嚴重的心臟病，只要站著講課稍微久一點，就必須坐到椅子上休息。波浪力學有許多的數學，他又在課程內容加入泥沙在水中的推移，增加課程的難度。開學後，上課的學生一直減少，最後只剩下五至七人。

事隔二十多年，他上課的內容我大多都忘了，但有一件事難忘。課餘，他開著一輛九人座的車子，載學生到舊金山海灣看海。他開車時不太說話，抵達海邊後，自後車廂拿出一把大鏟子，扛在肩上，戴上帽子，大步走向海灘。他選個地方，坐在岸邊看海。起初我們不明就裡，坐在他身邊，陪他一起看海。幾分鐘後，他站起來，在海灘上鏟了一個洞，而後講解海浪對海沙粗細、排列、方位的影響。然後他問我們：「你們認為一百年後，這裡會怎麼樣？」

科隆是位傑出的海港工程師，他建造不少港口，包括加州舊金山灣的海港。他從來不說他進行的港灣工程帶來多大的經濟好處，只談論港口建造對周遭海灘與河口漂沙的關係。他要我們思考所設計的工程，百年之後，會有什麼影響？

與他曬了太陽、吹了海風，他請學生們到海邊的餐廳吃好吃的螃蟹與龍蝦料理，可是對我而言，他教導我的，超過那些美味。科隆教授教過我這一班之後不久就退休了。

溼地保育及海洋生物的學習

一九九〇年，我回到臺灣當大學教授。我常到許多的海邊看浪、看水流、看港灣設計。我並沒有成為港灣工程師，反而逐漸喜歡上潮間帶的生物。我參與不少臺灣濱海溼地的保育及調查——臺北關渡溼地的設計、新竹香山溼地的保育、宜蘭無尾港溼地的水質淨化、嘉義朴子溪口保護區的調查、臺南曾文溪口鹽田的維護與臺東夢幻湖溼地的復育等。我請了一些工程師保護海濱溼地，我愈來愈喜歡海洋的生物。

我出國時，也到幾個著名的海域去看如何設置海洋生物——海豹、鯨魚與海鳥的保護區，並體會他們對海洋生物的認識。

海洋生物的學習

有四本書幫助我學習海洋生物學：一九八二年，紐約州立大學雷文頓（Jeffrey Levinton）教授所著的《海洋生態學》（*Marine Ecology*）；一九八九年，路易斯安那州立大學戴（John Day）教授、紐約州立大學霍爾（Charles Hall）教授、馬里蘭大學坎普（Michael Kemp），與墨西哥大學的亞尼茲——阿倫希比亞（Alejandro Yáñez-Arancibia）合著的《潮間帶生態學》（*Estuarine Ecology*）；以及一九九三年，加州大學尼巴肯（James Nybakken）所著的《海洋生物學》（*Marine Biology*）；二〇〇〇年，加拿大貝爾福德海洋研究中心的研究員曼恩（K.Mann）所著的《海洋生態學》（*Ecology of Coastal Waters*）。

尤其是尼巴肯教授海洋生物研究站的所在地「莫斯蘭汀」（Moss Landing），是加州大學海岸生物護庇中心。我去了數次，參訪該中心對海岸地形的保護，海洋生物的保育，與海洋教育的呈現。也為臺灣近年來以觀光、建旅舍、建港、倒垃圾與工業生產之名，大肆破壞海岸，感到難過。

我開在海濱的課

不知道一個大學教授在學校教了十多年的自然科學與溼地生態的課，還能為保護臺灣的海岸環境做些什麼？

我的研究生涯，像是游牧，哪裡有研究經費，就往哪邊靠攏；哪裡有政府的標案，就身上插著旗，手上拿把刀，騎著戰馬，嘶吼著往哪邊衝。不是沒有成功過，不是沒有輝煌時，只是過了六十歲，反而希望帶著孩子、學生，坐在海邊聽浪聲、看夕陽。潮水流到那裡，我們脫下鞋子，一起大叫，在浪水前端跑。

木炭行軍小隊

二〇一四年，我放下一些工作與例常的會議，租了一輛四十人座的遊覽車，帶著孩子們和學生們到海邊。我們一起散步、看海、看鳥，看濱海的植物。途中他們問我許多有趣的問題，我能答就答，答不出來的，就成為我的思索。他們常說：「這麼美麗的海邊，怎麼以前都不知道？」我說：「只要你慢慢的走，靜靜的看，你會發現到處都是美。」

海邊散步，我們經常流了許多汗，又曬得黑黑的，可是孩子們引以為榮，說我們是「木炭隊伍」。我在學生的臉上看到未來的光采；在孩子的眼中看到未來的希望。我想，這是當年科隆老師在我臉上、眼中所看到的吧！海洋無國界，他在一個外國學生的生命裡，刻下對海洋的愛，與對海洋進一步了解的企求。我也告訴孩子，如果試著了解海洋，會發現海洋帶給我們的豐富資源，絕對超過海鮮。認識海洋是了解大自然的智慧，與善用海洋資源的傳承與使命所在。

遊覽車上說的海洋生態故事

孩子們都叫我「河馬」。「河馬老師，海裡面有什麼？」孩子問道。孩子裡有各年級的學生，如何對不同年齡層的孩子講解呢？我用說故事的方式。但我不想把海洋的故事講得太悲情，在遊覽車上返程時，我講了海葵的故事、海龜的故事、螃蟹的故事、鯨魚的故事等，雖然孩子大多累了，睡了，但是，我可以為一雙未睡孩子的眼，繼續講下去。期待他們勇敢，到大自然裡冒險，與對大自然有愛。

這本書是那些故事的文字稿，是為木炭隊伍成員寫的。書裡探討的主題，大都是我在國外參訪海洋生物保育時聽了一些，回國後，尋找相關書籍與研究報告將其補全的。

我逐漸體會，認識海洋生物是所有與海洋工程有關的第一步，否則將無法面對百年之後的地球。

願孩子們愛海洋，未來有一天在人生的旅程上，也能揚帆出去。期待在你們的夢中，有一天，也可以聽到座頭鯨在唱歌。

誌謝

謹將此書獻給喜愛在海邊
聽故事的小孩子與大孩子

第1章

海龜英雄傳——保育海龜的人

西班牙的海軍，
認爲他是加勒比海最強悍的海盜；
荷蘭的海軍，
認爲他是太平洋上最狡猾的水手；
法國的海軍，
認爲他是大西洋行蹤最難以捉摸的船長。
各國都曾出高價獎金，
懸賞捉拿他。
他卻與他的水手四處航行，唱著：
「陸地上，我們沒有安全的地方，
海上，才是我們安全的所在。
許多監獄都想緝拿我們，
在海上，我們才有自由。
沒有律師替我們辯護，沒有法官相信我們，
我們只好航向天際，
尋找自己的樂園。」

他的名字叫丹皮爾（William Dampier, 1651-1715），
人類歷史上，第一個駕船三次環繞全球海洋的人。
他從來沒有打家劫舍，
反而沿途調查海裡的魚，空中的鳥，海灘的螺，
與岸邊的花草。
他靠什麼生活呢？
他搶奪各國的戰船，拖到港口拍售。
他曾是英國海軍最英勇的軍人，
卻不守規定，無法將他納入任何的正規軍。
如今，世界上許多的港口、海峽、海灣以他的名字命名，
他對海龜情有獨鍾，
三十年之久，在海上調查海龜，
顯示偉大的海洋生物學家，
不一定是專家、學者、教授，
也可能是海盜。

丹皮爾生於英國的東科克（East Coker），他曾在「國王書院」讀書，在學期間很短，卻讓他愛上自然科學。他家境貧窮，畢業後只好上船當水手。

十七世紀是荷蘭海軍開始強盛的時候，一六七三年，英法聯軍準備與荷蘭打仗，戰爭前，臨時徵召許多水手進入海軍，沒經過什麼訓練就送上戰船，丹皮爾也是其中一員。同年六月，荷蘭打敗英法聯軍，英國許多戰船沉了，他被俘虜。釋放回到英國後，他病了幾個月，可是英國海軍認為俘虜歸回是不光榮的，並未多加關懷。病好了之後，他聽說昔日的海軍船長夏普（Bartholomew Sharp, 1650-1702）要到中美洲做生意，他便跟去了，上了船才知道這艘是海盜船。

尋找海上的另一種價值

英國海軍戰敗後，許多軍人沒有解編，仍然開著戰船出海，變成跑單幫的貨船。各國的海軍，見這些英國的船隻有大炮，但大炮不多；有旗幟，但是旗幟五花八門；有士兵，但是沒有軍服；有軍刀，但是各種造型都有，便稱這些海上的雜牌軍是海盜，四處追捕。夏普是一流的航海家，他教丹皮爾許多駕船的技術，與逃脫追捕的最好方法，是認識海洋的洋流、季節風與暗礁，而非打仗。丹皮爾隨船到墨西哥做完買賣，由於他不喜歡一天到晚提防被追捕，便離隊到維吉尼亞當農夫。當時維吉尼亞的海岸被稱為「大西洋海盜的補給站」，都是等待上船的水手。

一六八三年，庫克（John Cooke, 1628-1684）要率領船隊環遊世界，丹皮爾去參加招募。庫克看他不像一般水手，學習能力強、富有求知慾，便讓他當「天鵝號」的船長。庫克的船隊出航，沿途在各地交易。丹皮爾對做生意沒興趣，他大部分時間都在繪製海圖，標示沿途所見的海島，並替它們取了英文名稱。他有時會上岸採集花草，再將花草繪在海圖的海島上，以便記憶。

他們沿途打敗了一些西班牙的戰船，但是到了波多黎各，庫克病逝，接下來該如何，船員意見紛紜。許多水手認為沿途交易，所賺的錢已經夠他們富足幾年；最後大家選出戴維斯（Edward Davis, 1651-1688）為船隊領袖，回到英國。

喜歡花朵的船長

可是丹皮爾想繼續探險，不想回英國，有幾名船員附和他，他們換到較小的「水鴨號」，再度航行回到太平洋。他們經過太平洋上的許多島嶼，丹皮爾若是認為當地居民比較友善，就會讓船員上岸交易，他則去採集花朵與記錄動物。他是最特別的船長之一，看重的與其他船員不同。他所記錄的生物，後來成為紀錄太平洋島嶼生物的第一筆資料，在自然科學上具有無與倫比的重要性。

丹皮爾寫道：

「許多人不喜歡海洋，
認為海洋太遠、海上天氣太冷或太熱，
海平面太平、海上生活太單調、海上太多大浪、颶風，
航行愈遠，離家愈遠。
其實，海洋雖大，我們可以量測；

海洋沒有地標，我們可以圖繪；
有大浪，正好考驗船的平穩；
有大風，可供學習駕航的技術；
沒有淡水，可以讓我們注意航前的預備；
有許多未識的島民，可增加我們溝通的能力；
有難以預料的危險，正是我們勇敢的舞臺。
每次靠岸，我仔細規畫所要帶上船的，
要離岸，我的熱血在澎湃。」

加拉巴哥群島的大海龜

一六八四年六月，丹皮爾登陸加拉巴哥群島中的一座小島，他發現沙灘上有無數巨大的海龜，蔚為世界奇觀。他在島上停留了幾天，竟然數不完海龜的數量，他預估可能超過百萬隻，他還發現這些海龜是來此處產卵。他在其他許多島嶼上，從來沒有看過這種巨大的海龜在上面產卵。他首先替這些海龜命名為「加拉巴哥海龜」，並且提出海龜產卵有其地理專一性的論點，這是海洋生物學的重大發現。

加拉巴哥群島的面積約七千九百平方公里，離最近的陸地厄瓜多爾直線距離約一千一百公里。「加拉巴哥」的意思就是「海龜」，是孤懸在南太平洋的島嶼。有些運送奴隸到美洲的船隻，會將一些生病的奴隸留在島上，成為島上的居民。他們以海龜蛋為主食，販售海龜殼做成的梳子與曬乾的龜殼做成的裝飾品。當地人告訴丹皮爾，海龜都在十一月登陸，會一直待到三月。原來丹皮爾看到的海龜只是一小部分。而後丹皮爾離開加拉巴哥群島，一六八五年回到英國。他用賺到的錢向支持庫克的船公司買下水鴨號，決定再去加拉巴哥群島。

船上的英文老師

一六八六年三月，丹皮爾駕著「水鴨號」出

我觀察太平洋中潮間帶的無人島。

海，有三十六個水手同行。他很有智慧的接受幾個西班牙水手在他的船上。他航行到馬尼拉就被西班牙戰船盯上，到澳洲時，西班牙海軍強行登船，檢查有沒有來源不明的物品。船上的水手向他們說明這艘船上，丹皮爾採到的花草比貨品多，西班牙海軍看了覺得無趣，便放了他們，所以沒有發現被花草覆蓋的東西。

丹皮爾邊開船，邊記錄洋流與海上季節風。他有空就教育船員，如今烤肉叫barbecue，酪梨叫avocado，筷子叫chopsticks，這些字都是他先拼出來的。他的船比較像海上的學校，不像海盜船。

世界之旅

他在巴拿馬海域航行時，又看到加拉巴哥海龜，他寫道：「海龜尾隨在船的後方，大概是吃船上拋棄的剩菜。晚上，我拋錨將船停在海上。海龜附在船底的木板上，沒有離開。白天，我拋一根木頭到海面上，海龜竟然爬上去，讓船拖著

像這樣的海草是海龜的重要食物。

走。」他本來以為海龜是隨著洋流運動，不過看海龜會隨著船游，顯示海龜不完全照洋流，有自己的游法。他在中、南美洲的海岸看到加拉巴哥海龜，可是沒有一隻在產卵，他寫道：「原來所有海龜，只在加拉巴哥群島產卵。」他計算海龜與加拉巴哥群島的距離，估算海龜一年至少游兩千公里。

一六八八年一月，他的船在蘇門答臘遇上大颶風，船身遭到破壞，只好開到澳洲的港口維修。修船期間，他走入澳洲內陸，記錄許多前所未見的植物，他後來被稱為

「澳洲的第一個植物學家」。直到一六九一年他才回到英國。

他整理航海日記，於一六九七年出版《環繞世界新航行》（*A New Voyage Round the World*），這本書一出版就造成轟動，大家這才知道原來航海這麼有趣，能夠帶來許多新發現。英國海軍也才發現有這麼一個海軍軍人，駕船在海上多年，都沒有被西班牙的船艦擊沉。英國國王威廉三世後來召見他，封他為爵士。

英國海軍強盛的關鍵

即使一五八九年英國海軍打敗西班牙的「無敵艦隊」，卻讓西班牙投資更多經費建造船艦，控制世界的海洋，十七世紀以前，西班牙擁有世界最強的海軍。丹皮爾對威廉三世說：「英國要強，必須要有最好的海軍。」丹皮爾寫道：「一個海洋國家的偉大，從他們有關海洋的歌曲中可以聽出來。英國是島國，島國的偉大，在對海洋的了解，而非對海洋的懼怕。英國的海洋之歌，多自憐或恐懼，不是勇敢與雄壯。」他提出：「看啊～海洋不過一點浪，面對浪而航過，就會發現那邊是何等的豐富。海洋國家的歷史，應該是海洋的自然史。海洋國家的孩子，應該從小就作著出海旅行的夢。」

海盜成為海軍大將

一六九九年一月，英國國王賜給丹皮爾一艘二十六門大炮的戰艦「雄鹿號」，他再度出航環繞世界。船上海軍與水手人數各半。他將遠洋航行當成訓練海軍的機會。他們沿途打敗西班牙和荷蘭的戰船，甚至把擄來的船隻拖到海邊，公開拍售，所得分給水手。丹皮爾還是沿途測量，採花看魚，尋找海龜。出海一年後，由於西班牙向英國宣戰，威廉三世緊急將他召回。

一七〇一年二月，他駕駛「雄鹿號」，與他合作多年的水手，率領英國海軍出戰，他知道英國海軍船小、大炮少，沿途讓西班牙海軍追，他利用洋流與季節風逃航到暗礁區，讓對方吃水較深的船艦觸礁沉沒。他與對方的主艦一路纏鬥，最後將對方擊沉。從此，英國逐漸躍升為世界上最強的海上強權。

而後丹皮爾率領船隊回到英國，向海軍申請退役，海軍不准。威廉三世也以公爵「太平洋區總督」的尊榮慰留他，他還是拒絕了。沒有人知道，他在名望最高的時候，為什麼要退役？

無法被定位的人

有人中傷他在海上行船多年，在西班牙海軍多次圍捕之下，能夠多次安然逃逸，可能曾與西班牙海軍有什麼默契，何況他的船上還有西班牙籍的水手。丹皮爾下獄，在軍法審判下，差一點被判絞刑，是威廉三世親自來監獄特赦他。一七〇三年，丹皮爾退伍。他退伍後，有人說他成為航海老師，教人出海；有人說他帶著昔日的水手，載送人到北美洲，尋找自由；有人說他到澳洲採集小花；有人說他在南太平洋尋找海龜。

他到底是縱橫四海的海盜？是傑出的英國海軍軍官？水手的老師？還是第一個海

海洋國家的歷史，該是海洋的自然史。
海洋國家的孩子，該從小就作著出海旅行的夢。
——丹皮爾（William Dampier）

洋生物保育學家？歷史上，無法給丹皮爾專屬的定位。

航海者的使命

他是普世第一個提出要保護海龜，就要保護海龜產卵灘地的人。他寫道：「對海洋的了解，是海洋國家的責任。人要如何正確管理海洋，有賴海洋的知識。許多人講海洋的故事只是吹牛，或講些珍奇異事，枉費出海遠航的目的。遠渡海洋是為了了解上帝創造的萬物。為此，我們勇敢、有力、有各樣的經驗。我們在每個困難裡，彼此合作；在每次的追捕裡，共度難關。每到一個港

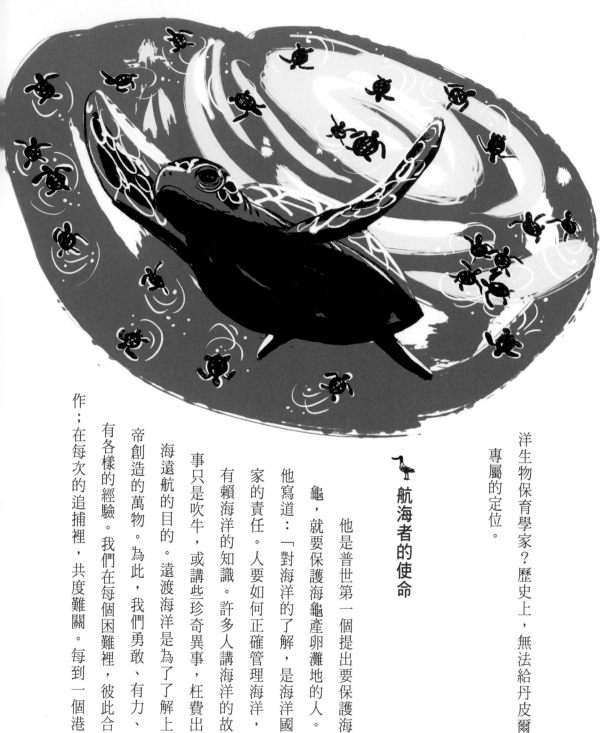

口，我們都不留戀，補給後又重回大海。即使大海有各樣的狀況，我相信上帝會保守我與船員平安返航。」

最後，他病逝在一間破落的旅舍裡。別人整理他的遺物，發現他沒有留下一毛錢，只留下無法估量其價值的航海紀錄。他在上面寫著：「航海旅行，是我的夢想。」

第2章

我的一生，在給漁村的孩子一個禮物——

保護潮間帶的科學家

他，喜歡潮間帶的水澤，
用三十年的時間，
觀察、記錄潮間帶的寄居蟹、海星、海蟲、珊瑚、螺類、貝類……
將未知的物種，給予分類，
成爲當時最懂潮間帶的生物學家。
他出版了許多介紹潮間帶的書籍，
提出在水陸交界之處，
環境複雜，變化不斷，卻是海洋最多樣生物出沒的所在。
即使他擁有很高的知名度，卻住在偏僻的海邊，
擔任漁民孩子的老師。
許多人從各處前來，向他學習，
他，開啓了普世對潮間帶生物保育的重視。
他對教育的看法，成爲百年之後海洋教育的觀念，
即使現今的書本，已經很少提到他，
遺忘了這位海洋教育學的先驅。
但是，總該有個角落，

紀念這位一生有情、有愛的科學家，
並重述他保護潮間帶的原因。

戈斯（Philip Gosse, 1810-1888）生於英格蘭的伍斯特，父親是到處巡迴的畫師，母親是有錢人家的侍女。他出生後，由於父親又去巡迴，母親無法照顧他，阿姨便將他帶到普爾鎮（Pool）撫養。阿姨喜歡動物，教他辨認住家附近許多的小動物，開啟他對動物學的喜好。

自學的海洋生物學家

一八二四年，戈斯小學畢業，到一家販賣遠洋魚肉的公司擔任會計。他忠心工作，深得老闆信任。一八二八年，公司推薦他到位於加拿大北邊紐芬蘭的上游廠商，卡伯尼爾（Carbonear）公司

大白鶴需要在海邊棲息。

擔任會計。紐芬蘭是漁港，居民大多是前來捕魚的人。

他擅長繪畫，工作之餘常到海邊畫岸邊的小動物。他自修動物學，讀了許多書後，發現許多岸邊的小動物只有俗名，並沒有準確的學名。他寫道：「我在海岸邊，觀察到許多的生物，但乏人知曉牠們的種類。當我愈認識這些生物，愈覺察分類的重要。我觀察小生物的特徵，為牠們命名，這與我的工作無關，卻反而成為我生活的焦點。」

大自然之美的保育觀

一八三五年，他離開加拿大的工作，到美國的海邊經營一座小農場。他本來是為了想擁有更多的時間可以觀察、作畫，然而他看海的時間多於耕種的時間，導致收成欠佳。一八三九年，又逢旱災，收成全無，他只好賣掉農場，回到英國倫敦。他不習慣大都會的環境，大病一場。病

我在宜蘭南澳的潮間帶觀察。

中，他寫了一本書《加拿大大自然學家的旅行》（*The Canadian Naturalist on the Voyage Home*），描述他在海邊觀察生物的心得。過去沒有人講解潮間帶的生物，這本書很有啟發性，非常暢銷。

戈斯在書中寫道：「潮間帶的生物，美麗而且多樣。不同的地質環境，不同的潮汐大小，生長的生物就不同。這顯示潮間帶生物的多樣，與周圍的潮汐和岩石，有密切的關係。我是個學習者，從潮間帶每一顆石頭的下方，每一棵水草的旁邊，或在不同粗細的泥灘下，我發現環境的不同，棲息的生物就不同。環境不是只有影響生物，生物也忠實呈現環境的特徵。原來環境的多樣，是提供多樣生物生長的園地。潮間帶的觀察，要從每個小的潮間池（tiding pool）看起，可以認識水陸的交界，是何等奇妙的世界。」

照顧環境也照顧人

戈斯又寫道：「潮間帶每種生物的特徵有分類的邏輯，讓我們照著這邏輯去辨識。潮間帶的環境雖有變化，卻讓我們在小小的一個潮間池，就可以看到生物活動的規律性。美，是需要我們去觀察。美，是帶著大自然的語言，讓我們一起去傾聽。美，是有神聖的意涵，要我們去思考。美，是帶著情境，要我們去體會。」

喜愛潮間帶的人有福了，他們透過觀察，容易感到喜悅與滿足，成為他們持續觀察的動力。戈斯到英國不同的潮間帶，觀察生物，樂此不疲。在許多人眼中，他是個怪人，經常在太陽下、海灘邊坐一整天，隨著潮汐的來去換位置，只為在自然狀態下，他能描繪潮間帶生物的造型，並塗上天然的顏色。戈斯的出版作品中，有許多優美的生物畫作，都是他在現場畫的。他寫道：「我相信最好的自然科學書籍，應該有優美的畫作。呈現生物樣貌，給讀者瞬間的美感。」

前往牙買加

出版讓戈斯感受到了突來的成功，可是他並不以為意，他關懷潮間帶，也關懷漁村居民的生活。他在美國開墾農場的失敗經驗，給他很深刻的體驗。海洋生物的保護，要與在地居民的生活連繫在一起。

一八三八年，英國廢除奴隸制度，立法不再從有奴隸的國家進口物品。英國政府在牙買加贈送土地、農具與資金，鼓勵國人前往開墾農場。牙買加有加勒比海最美麗的島嶼之稱。戈斯認為這是讓他實踐濱海環境，與漁民共榮的機會。一八四四年，戈斯加入前往牙買加的開墾隊。牙買加總督給他一塊在海邊的地，他認為該地土壤肥沃，只要用百分之十的土地種蔬菜、甘蔗，就能供應自己的生活，與所聘用一些牙買加人的需求，他將其餘的地方盡可能保留原狀。

保育與生產兼顧

他在開墾之餘，於海邊記錄海鳥，他發現「牙買加是加勒比海許多候鳥遷移的中繼站」，他也發現「海上一些無人島，是候鳥群集產卵、育雛的地方」。他記錄了兩百種的海鳥，後來被稱為「加勒比海鳥類學之父」。為了記錄鳥種，他搭船到古巴、千里達、海地等地區，向許多在地居民詢問。

他看到什麼鳥類就記錄什麼。若一時看不到，他會在在地人的湯裡或食物裡，察看有無類似的鳥肉，若有，就問他們從什麼地方得到這些肉。他為了要得到在地人的信任，喝他們喝的湯、吃

他們吃的肉。不過，有時在地人帶他去看的食物來源，是海邊的死海豚，或是水溝裡的死老鼠。

礁岩的保護

他轉而教導在地居民如何獲得乾淨的水與食物，因此深獲敬重。他向牙買加總督建議，「設定無人島為海鳥保護區」與「以百分之十的有限開發，兼顧保護濱岸與居民生活」。因他的建議，迄今，牙買加仍是加勒比海鳥類最多樣的地方，牙買加全國的土地面積，有百分之四十四為候鳥保護區。牙買加是加勒比海最美的渡假區，這也讓在地居民的收入大大增加。

他在牙買加外海的珊瑚礁岩發現魚類特別多，他首先提出必須保護珊瑚礁，才能保護魚類。這是他在海洋生物學上最重要的發現，可惜要到二十世紀中期，人類才知道珊瑚礁岩是海洋魚類最重要的庇護處。

開啟海洋生物的教育

一八四八年，戈斯將農場送給在地人，回到英國結婚。他與妻子鮑絲（Emily Bowes, 1806-1857）搬到英國人口最稀少的地方之一——德文郡。在當地的漁村開設小學，一起當老師。為了教育學生，他用大型的玻璃箱布置潮間帶環境。他寫道：「用水族缸教學，是給孩子認識海洋生物的機會。許多孩子的學習熱忱，是因親眼看見而產生。孩子對海洋的興趣，是自我探索產生的結果。我盡可能的將水族缸布置成德文潮間帶的環境，讓學生在沒有壓力下，仔細觀察。我相信，孩子喜愛海洋生物知識與情感，會在觀察中自然滋生。」

為了維護水族缸內生物的生存，他研究打氣、光照、過濾、清洗、投飼，使水族缸的環境近似海洋，讓其中的生物生存不受影響。水族館aquarium這字，也是他取的。

> 美，是需要我們去觀察。美，是帶著大自然的語言，讓我們一起去傾聽。美，是有神聖的意涵，要我們去思考。美，是帶著情境，要我們去體會。
>
> ——戈斯（Philip Gosse）

水族館的開啟

一八五三年，消息傳出，他受邀到倫敦展出。他開創了全世界的第一個「水族館」，吸引許多人前往參觀，讓眾人知道海洋教育可用此種方式進行。

戈斯寫道：「除非仔細觀察，否則我們無法真正了解生物的習性。我們需要注意生物的造型、行為，才能認識牠們。許多發現是不可預料的，有待長期的觀察。美好的發現，是給那些好奇、持續觀察的人。我們看到任何一隻生物，都要用生命的個體來研究，不是只為了想知道牠們是哪一種。水族館是呈現大自然之美的藝術平臺，是海洋生物的教育場。」

研究的前提比結果還重要

戈斯用水族箱從事海洋生物的研究，獲頒英國皇家協會的院士頭銜。一八五七年，戈斯在皇家學院發表〈臍石〉（*Omphalos*）一文，這篇文章幾乎毀了他一生的名譽，使他飽受攻擊，直到晚年。

戈斯將海洋生物學與海洋地質學結合在一起，他提出：「古希臘有種宗教，認為生命最早存在於岩石中，他們尋找這種埋藏在深海的石頭，稱之為『臍石』。他們崇拜這種石頭，認為是生命起源的所在。這種崇拜雖然過去，科學卻逐漸流行，最初生命的遺痕，是保存在石頭裡。其實無論是火成岩或是水成岩，都無法表示地球的初始狀態。初始的狀態與後來的狀態很不同，科學家若用石頭裡面的生物化石，來測地球開始的時間與生命的狀態，是變相的臍石崇拜，是在錯誤的前提找答案。」

寒武紀大爆炸

「依我的觀察，許多海底生物的化石，是同時出現在某一個岩層裡。證明生物的出現，可能是在很短的時間，快速、大量的產生。也曾遭逢巨變，很短時間內大量死亡。可見生物物種的出現，不全是漸進的方式。海洋化石裡的生物種類多於現代，可見生物物種不是由少數變成多數，也不是由幾個原始種變成多種。我們無法以岩石內的一些現象，歸納出確定的論證，除非科學界又回到早期的臍石崇拜。」

這個論點在當時被激烈的反對，直到一九七〇年代初期，劍橋大學教授威廷頓

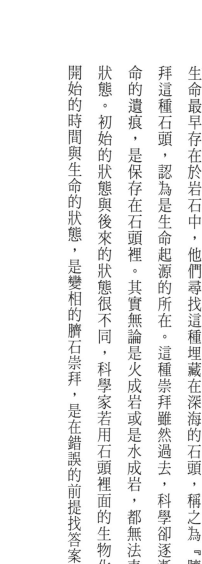

（Harry Whittington, 1916-2010）提出「寒武紀大爆炸」，才發現主流科學的盲點，證實戈斯提出的疑點是有道理的。更重要的是，許多科學家忽視問題的前提，就想給出明確的答案。

到海水下學習

戈斯也研發潛水裝置，他用一根吸氣管，帶著學生在潮間帶浮潛。他鼓勵學生記下在海面下看到的生物，以及觀賞時的感覺。一八五七年，他的妻子病逝，他大受打擊，他寫道：「在美好的大自然裡，我失去了最好的觀察同伴。」一八六〇年，他又出版《對自然科學的愛》（*The Romance of Natural History*）。

他寫道：

「我帶著分類學的眼光，
看生物體型的特徵；
用考證學的眼光，
在化石裡查考；

用數學的眼光，
來計算生物出現的頻率。
但在這本書裡，我要用詩人的眼光，
用感情的抒發，以單純的觀察，
敘述大自然生物之美。
我的心，甦醒。
我的腳步，緩行。
我的手，記錄，
寫下我對海洋生物的體會。」

海葵的分類

很少生物學的書是如此呈現，他的文筆與對大自然的愛，讓許多人愛上生物學。他也開了海洋科普寫作之門。同年，他出版《英國的海葵與珊瑚自然史》（*A History of the British Sea-Anemones and Corals*），分類七十種新生潮間帶的海葵與珊瑚。他以多塞特（Dorset）、南德文、北德文與威爾斯（Wales）的潮間帶為調查區域，將海葵與珊瑚分類，他將所鑑定的特徵畫下來，列出分類表，以供讀者查索。

這本書最大的特點，是他先講述生物體的結構、代謝，再講分類。例如，他先敘述海葵的胃部、神經與呼吸，再講海葵的造型、顏色與運動，接著比較海葵在不同海域的分布，末了，再提海葵的分類。這種寫作方式，避免了許多生物分類學有太多專有名詞與分類細節。

最多笑聲的教室

書中有些生物是他在海邊觀測到的，有些是漁民與漁村的孩子拾來給他的。一八六五年，他出版《陸地與海岸》（*Land and Sea*）。這些書都成為近代潮間帶保育的經典之作，他後來被稱為「潮間帶生物學之父」。

一八七〇年以後，是戈斯人生的另一個轉折點。他與教育學家金斯萊（Charles Kingsley, 1819-1875）合作成立「德文郡科學協會」。他們在鄉村結合一些喜愛孩子的老師，在貧窮的漁村，以在地的生物，編成在地的自然科學教材，成立快樂學習的自然科學教室。這個協會的宗旨是「喜樂的心，才是醫治不愛讀書孩子的良藥」，會歌是「考試，使我們什麼都學不到」。他們提出：「這世界沒有教不會的學生，只有不了解學習真義的教育。」

海岸線成為世界遺產

戈斯的學生稱他上課的地方是「最多笑聲」的教室。上課地點不是在教室內，就是在海邊。當時也有人攻擊他，認為在漁村教育孩子自然科學是浪費。漁村的孩子要學的是如何在海裡捕魚，不是認識大海與魚類。戈斯寫道：「海洋是綜合的，海洋教育也是綜合的，不是只學捕魚而已。」

一八八一年，他發表水中輪蟲與海蟲的分類。可惜的是，他沒有看到他的研究對於普世海洋教育的影響，也沒有看到大型的水族箱成為海洋生物研究的方式。他在晚年時寫道：「海洋科學的教育，是孩子成長的好陪伴。當孩子有求知的興趣，就會珍惜大自然，體會處處是恩典。」

生物與環境

二十世紀，「聯合國科教文組織」（UNESCO）將德文海岸線定為世界遺產場址，不只持續保護德文的潮間帶，也紀念戈斯的貢獻。正如戈斯所說：「如要保護在地的生物，就要先保護那裡的環境。」

第3章

阿拉斯加冷風無法凍結的熱情——

保護海豹的人

無人島，不是土地的浪費，
而是許多野生動物，
最後安全的棲息地。

白令海（Bering Sea）由一連串的島嶼所組成，接近北極圈，介於西伯利亞與阿拉斯加之間。那裡氣溫很低，海風很強，長期乏人居住。只有愛斯基摩人會在夏季划獨木舟前來，捕捉幾隻島嶼上的海豹，以海豹皮毛製成禦寒衣物。十七世紀初期，外人知道這個祕密後，俄國的獵人首先集隊前來，用槍趕走了愛斯基摩人，每年到島嶼上殺戮幾十萬隻的海豹，製成高級皮衣外銷。

海豹的最後棲地

到了十八世紀，海豹數量銳減，白令海大部分的島嶼，海豹幾乎絕跡。一七八六年，一個聰明的俄國水手認為，要獵捕海豹，就尾隨到牠們的生產區，他因而發現一座有幾百萬隻海豹聚集的無人島。後來捕海豹的人用他的名字替該島嶼與附近的礁岩命名，稱為「普里北路夫群島」。這是世界上海豹最後的棲息地。消息傳出，引來更多的獵人，更多的海豹因此遭到殺戮。

一八六七年，美國以七百二十萬美元向俄國買下阿拉斯加。這筆交易討價還價最多次的地方，不是面積一百七十一萬八千平方公里的阿拉斯加，而是面積只有一百九十七平方公里的普里北路夫群島。俄國將普里北路夫群島賣給美國的條件，是保有在島嶼上的獵捕權。隔年，美國的皮衣公司與俄國公司合作，招聘大量獵人前來，以致被獵殺的海豹更多。海豹大衣在市場上銷路很好，但是美國與俄國的皮毛公司聯手保密，所以外界不知捕獵的地方。

愛斯基摩人的口述歷史

一八七二年，史密森尼協會（Smithsonian Institution）的艾略特（Henry Elliott, 1846-1930），為了記錄愛斯基摩人的口述歷史前往阿拉斯加，他記錄了一首愛斯基摩人的歌：

「我們是海豹的族人，

海豹是我們遷移的嚮導。
幾千年來，我們的祖先告訴我們，當北風吹起，冷浪打起，
就是海豹要遷移的時候。
我們就開始收拾，全家
到海邊，跟著海豹出海。
我們從一個島嶼，划船到另一個島嶼；
從一個海灣，划船到另一個海灣。
海豹往那裡游，我們也往那裡住。
我們吃魚，海豹也喜歡吃魚，
海豹知道魚多的地方，
我們共享海裡的魚。
我們以海豹的皮為衣，
可以擋住北極的風寒。
我們的祖先教導我們，如何與海豹共生存，
如何傾聽海浪的拍打聲，就知道
無論是在西伯利亞，或是在阿拉斯加，

只要我們與海豹在一起，生活就不缺乏。」

他知道海豹對愛斯基摩人的重要性，但是愛斯基摩的耆老告訴他：「我們過去在寒冬時，為了要穿海豹皮保暖，每年獵殺一隻海豹。但現在幾乎都被外國來的獵人搶占了。」他為了求證，與愛斯基摩人划船到達距離阿拉斯加海外三百五十公里的普里北路夫群島，確實發現島上的獵人正在殘殺無數的海豹，而且就連小海豹也不放過。

一八七四年，他撰文公開此事，他寫道：「如此可愛的動物，被人無情的大量屠殺，還現場剝皮。任何有良知的人，都無法忍受這種毫不節制的殺戮。每年至少有一百萬頭海豹被獵殺。這種事情，應該被外界知道，政府應該管制。國家最重要的資源，不是擁有大片的土地，而是讓野生動物能在大地上安全生活。」艾略特又提出：「地球有許多無人島，是野生動物賴以生存非常重要的地方。」他再強調：「如此下去，海豹將成為瀕危物種。再繼續捕殺，海豹一定會滅種。」近代非常有名的「瀕危物種」一詞，就是他首先提出來的。

艾略特生於美國俄亥俄州的克里夫蘭，從小身體衰弱，個性害羞。父親是個果農，艾略特上課之後，還要幫忙照顧梨樹與蘋果樹。他們家的鄰居是十九世紀著名的醫學教育家柯特蘭（Jared Kirtland, 1793-1877），柯特蘭是耶魯大學醫學系教授、西儲大學醫學院的創辦人。一八四二年，柯特蘭退休，在克里夫蘭市郊經營農場，這是後來有最佳果園之稱的「東洛各波特農場」（East Rockport Farm）。

艾略特第一次到隔壁的果園散步，柯特蘭將他當成學生，教他種出最好的水果的祕訣在於「將歐洲來的果樹接枝在印地安種的原生種果樹上。」艾略特向他訴苦：

「不能像其他的同學到學校上課，」柯特蘭說：「最好的教育，是自己的探索。」

「但是我身體不好，需要常去醫院，」艾略特說道。「醫院只是輔助我們健康的地方，最好的健康之道是走進大自然。」柯特蘭回道。艾略特不知道這果園的主人是多麼有名的學者。

以探險為工作

一八六二年春天，艾略特氣喘嚴重，只好休學，此後他沒再回到學校。柯特蘭鼓勵他到果園作畫，艾略特畫得非常好。一八六三年，美國農業部舉辦水果繪畫比賽，柯特蘭鼓勵他去參加，沒想到艾略特第一次參賽就得到首獎。艾略特到農業部領獎時，柯特蘭給他一封信，請他到了那裡交給亨利博士（Joseph Henry, 1793-1877）。

亨利是「史密森尼學會」的主任祕書，他看到信之後，立刻聘請艾略特為學會的調查員。艾略特上班的第一天，發現沒有自己的辦公區域，他難過的想，失學的人去上班，果然沒有自己的位置。他正想辭職，可是亨利卻把他叫去，派給他第一份差事：「從美國西部走到加拿大北部，從事架設電報線的探勘，為期六年。」艾略特嚇了一跳，若是接受這項工作，等於接下來的六年時間他都要在杳無人跡之地，探尋架設電報線與電線桿的地方。他回去問柯特蘭，柯特蘭鼓勵他接受這個任務，理由是這樣他才能體會自己是何等的強壯，又說：「大自然的美，是你作畫最好的題材。」

艾略特寫道：

「野地，是給人作夢的地方，

是藝術的啟發。」

野地，是給人學習，讓人心胸開闊，
是給人樂觀。
野地，是教人面對高山，不懼怕；
面對湍流，不擔心；
面對寒冷，不畏懼；
面對炎熱，不暴躁。
野地，似乎不能給我什麼有形的財富，
卻讓人有說不完的豐富。」

我拍攝到海豹在美國的外海迴流。

地理探測

一八六八年，艾略特自野外探勘回來，他肌肉結實，健康強壯。史密森尼學會讓艾略特在家休息一年，薪水照領。一八六九年，他接到新的任務，與美國地理協會的探險隊探勘黃石地區的山區與瀑布。艾略特又在那裡待了三年，走遍每一座山，看過每一座山谷。他寫道：「我在地理探勘，學到仔細的觀察，細心的記錄，與忠實的描述。」又寫道：「黃石地區是古老的地景，當我以新奇的眼光觀察，可以看到無限的美。」這份探勘報告於一八七一年遞交出去，隔年美國政府將此地定為第一個國家公園——「黃石公園」。

一八七二年，史密森尼學會派他到阿拉斯加調查愛斯基摩人的生活習俗與環境。他懷抱著最大的熱情前往，與愛斯基摩人住在一起，學習他們的語言、過著他們的生活。愛斯基摩人看他很博學，叫他「教授」，他卻認為自己是愛斯基摩人的學生。

同年七月，他搭乘白令海峽的油輪前往西伯利亞，船上有許多俄國的貴族，他們坐在豪華的上艙，艾略特坐下艙。航行途中遇到很大的暴風，油輪在大浪間幾乎沉沒。這些貴族很懼怕，有的抱著家人，有的抱著財產哭泣。其中有個名叫瑪洛比多芙（Alexandra Melovidoff, 1858-1949）的少女，注意到這時有個男生跑到甲板上，興致勃勃的計算大浪裡有幾隻海豹在游泳。

瑪洛比多芙有西伯利亞第一美女之稱，她的父親是獵捕海豹公司的老闆，她與這位狂風中數算海豹數量的男生交往，後來嫁給了他，為他生了十個孩子。艾略特反對殺海豹，卻與獵殺海豹公司老闆的女兒結婚，這也保障他後來多次進出獵殺海豹地區的安全。

夢想是最大的財富

艾略特對岳父說道：「世界必須將保護海豹當成互相合作的機會，如此才能享有真正的和平。如果大家只會互相爭奪海豹，那麼所有和平協定都將流失。」他的岳父先失去女兒，而後又失去海豹，轉為最早支持禁捕海豹的人，後來改去阿拉斯加採礦，挖到許多黃金，成為富翁，還以高票當選阿拉斯加的執行官（相當於州長）。其實要選上很容易，當時阿拉斯加有百分之八十五是愛斯基摩人，百分之五是俄羅斯人，愛斯基摩人都投票支持他。

一八七四年，艾略特向美國議會提出海豹濫殺之事，沒有人理會他。政府官員認為：「政府花巨款購得的土地，應該得到利益的回饋。」他轉而向報紙、雜誌投書，發表他在阿拉斯加的見聞。艾略特寫道：「我們的國家從阿拉斯加得到了什麼？應該

> 國家最重要的資源，不是擁有大片的土地，而是讓野生動物能在大地上安全生活。
>
> ——艾略特（Henry Elliott）

是個夢想。有夢想，才值得我們去探索、去冒險、去欣賞、去體會。美國最好的夢想在阿拉斯加，所以阿拉斯加的海豹是上帝給我們最好的禮物，而不是殺戮、殺戮，不斷的殺戮，這樣我們能留給後代什麼？應該是保留大自然。」

保護海豹的第一本書

他每次去演講，爭取海豹的安全時，他的妻子都與他站在一起，有時愛斯基摩人也會來支持他。後來，眾人稱他是「最後一個看到阿拉斯加之美的白人，因為他看到的海豹最多」。

一八八四年，他再度前往阿拉斯加進行海豹調查，回來後，出版《我們的北極圈：阿拉斯加與海豹群島》（*Our Arctic Province: Alaska and Seal Islands*），這書後來成為普世保護海豹最重要的著作。這本書帶來的影響很大，讓很多人知道海豹面臨的危機，但也引來很多的抗議。有人譏笑他：「高中都沒有畢業，怎麼知道海豹長什麼樣子？」有人懷疑他：「怎麼能夠獨自一人在無人島上生活？」由於他的紀錄都只有文字與圖畫，連一張海豹的獸皮也沒帶回來，有人認為他在虛構情節。然而他卻說：

「我用科學真相來說明，不贊同的人，可以自己去看。」

海豹的代言人

美國皮衣公司也提出反訴：「獵殺是市場的行為，不可能禁止。」但因為皮衣公司的反對，反而引起更多人的關注。這本書引人思考，人類是否將奢華建立在野生動物的殺戮上？他也在報紙上大聲疾呼：「人類對野生動物的大量捕殺近乎沒有知覺。難道奢華是濫殺生物的幫兇，注重享受使人無法面對真實？」

一八八八年，他去拜訪「國家地理協會」的創始會員，哈佛大學動物學系教授梅里厄姆（Clinton Hart Merriam,1855-1942）。梅里厄姆受到感動，組織一支國際阿拉斯加探險隊。探險隊成員有來自英國、加拿大、日本等國的學者。

追蹤海豹的生活圈

探險隊抵達目的地，果然發現海豹殺戮嚴重，超乎所想。他們記錄島上海豹的數目，在一些海豹的毛上黏上棉條做為標記。十月，海豹離開普里北路夫群島，探險隊也分頭跟蹤標記的海豹，調查海豹前往何處。他們發現海豹離開普里北路夫群島後，只分成兩隊，一隊抵達美國加州的外海，另一隊抵達日本北海道。牠們在溫暖的海域捕食較小型的魚類與章魚。四月，海豹回返白令海；五月，在島嶼上交配，生產小海豹。獵人在此時前來捕殺。

一八九四年，調查回來的梅里厄姆，提出動物遷移有其固定路線與範圍的概念，後來成為生態保護——「生長區」（Life Zone）理論。這讓人認識地球上不同的地理環境都有其意義。他們也由海豹出生率與遷移時的死亡率，定下每年在白令海峽的海豹捕捉量，不得超過三萬隻。

國際公約的維護

一九〇〇年，艾略特又前去，才知道梅里厄姆的發現並不具有執行力，殺戮依舊，海豹的血染紅海域。

他寫道：

「白令海海浪的狂嘯，吹不走捕獵人的貪婪；
普里北路夫礁岩間的漩渦，捲不走人類的兇殘。
國家買下島嶼，卻仍忽視上面的住客，
海豹最後的樂園，竟然成為致命的陷阱。」

艾略特又去拜訪國務卿海伊（John Hay, 1838-1905），請求對方出面協調各國限捕海豹。他寫道：「為了保護海豹，我已經走上連自己都不明的路。」一九〇一年，艾略特先提出：「海豹的保育，需要成為國際外交的議題。」這是非常具有突破性的看法，因為在歷史上從未有人將生態保育與國際外交連結在一起。他寫道：「海豹是國際公共財，必須各國一起合作才能奏效，一起努力才能解決。保護海洋生態無國界。」在海伊的幫助下，直到一九一一年，美國、俄國、日本、加拿大等國才簽下「北太平洋海豹公約」（North Pacific Fur Seal Convention）。艾略特成為以國際組織保護海洋生物的第一人。

海豹的保衛者

簽約後，又歷經兩次世界大戰，所以公約仍然無法有效執行。一九二〇年，艾略特經常生病，但仍四處奔波。他的妻子看不下去，說：「你再不回家，我就不與你站在一起。」他這才從史密森尼學會退休，與妻子搬到西雅圖。只是他依舊閒不住，又從事西雅圖的海域生態保護。迄今，西雅圖仍是美國保護生態環境最好的城市。

一九六〇年代，海豹數量更少了，回歸普里北路夫群島的海豹少於一萬頭，再度引起國際關注。各國這才組織海豹安全巡邏船，並限制海豹

這裡就是海豹的棲息地。

皮衣的交易。但是海豹的數量仍持續減少。直到一九九九年，普里北路夫群島終於成為海豹的保護區，完全禁止捕殺。

艾略特並沒有看到那一天。不過，他生性樂觀，無論遇到多少挫折，仍努力爭取海豹的生存權。

他說：「人類不要忘記，上帝最早託付給人類的任務，是照顧動物與植物。」近代稱他為「海豹的保衛者」，更重要的是，他讓世人開始注重海洋生物的保護。

艾略特在史密森尼任職三十多年，幾乎都在野外，直到退休都沒有屬於自己的辦公桌，這是何等美好的工作。

第4章

以認識海洋螃蟹為畢生職志——分類螃蟹的專家

世界上約有六千八百多種螃蟹，
許多種的螃蟹，自大海上溯到河川。
這些會上溯的螃蟹，
是偉大的探險家，牠們產卵在河川，卵隨水流到海洋，
卵孵化後，幼蟹又從海洋，進到河川，代代
上溯未知之地。

牠們要不斷改變身體的代謝能力，適應淡水域，
要改變移動的方式，由較平坦的海底，到隨地勢起伏的河川，
要改變呼吸的方式，由在水域呼吸，改到能在陸地上呼吸。

牠們沒有地圖，卻有準確方向感，
牠們沒有輔助工具，卻能越過湍流、險灘、瀑布。

任何一個差錯，就會有致命的危險；
任何一次疏忽，就可能被水鳥吃掉。

螃蟹的存在，教導人類一個很重要的功課，
大地與河川是具有「地理的連結性」。
人類若破壞這連結，

螃蟹將無法上溯，只能默默在地球的一角消失。

會從大海上溯到河川、到未知之地的螃蟹，是偉大的探險家，也是地理老師。這些地理老師身上有非常複雜的神經系統，才能在各樣的遷移過程中，避開各樣的危險。牠們總是迅速的由一個地方，移到另一個地方。停一陣子，知道附近沒有什麼危險，再迅速移動到下一個地方。

二次世界大戰期間，德國的陸軍總部認為螃蟹移動的方式，是教導士兵在衝鋒時，能避開危險的最好前進方法。因此，我們看到螃蟹不要只想到吃，還可以向牠們學習很多。

螃蟹移動時，有非常複雜的行為模式。牠的十隻腳各有不同的功能，能用腳尖移動，快速奔走。行動時能夠一腳跨上，後腳立刻跟上；向上攀爬時，能一腳往前，另一腳支撐；轉彎時，能以一腳為中心，讓身體旋轉；閃入石縫時，能一

我與學生在海岸邊調查螃蟹。

腳彎曲，全身順勢進入。螃蟹是厲害的移動高手，能夠移身挪位，能夠在垂直的牆面爬高一公尺。有的螃蟹能夠一分鐘自轉多圈，鑽入泥土中，消失無蹤。

與螃蟹共享大自然

螃蟹的安全移動，代表人類尊重牠們的生命權，與牠們共享自然資源。但是人類汙染河川、砍伐河濱樹木、減少河川水量、建造攔沙壩和攔水堰，以及任由水稻田荒廢等，都會對螃蟹造成極大的傷害，使螃蟹愈來愈少。如今，世界上許多地方都已失去螃蟹的蹤跡。

為什麼要關心螃蟹？螃蟹的存在與否與人類有什麼關係？

螃蟹日也爬，夜也爬。有些科學家認為螃蟹可能不睡覺，或是邊睡邊爬，而且不會爬錯方向。螃蟹會進行大尺度的移動，爬幾十公里、甚至幾百公里之遠，到目的地

我很喜歡觀察海灘地的角眼沙蟹。

交配、產卵；也有小尺度的移動，尋找食物與可躲藏之處。牠們常以水中溶解有機質與有機碎屑的味道及水流傳來的訊號，前往覓食。

要幫助螃蟹遷移，可以在水邊栽植落葉樹木與密生草叢，提供碳源做為螃蟹運動所需的能量。螃蟹對水中的溶氧特別敏感，溶氧太低，螃蟹會離開水域，尋找其他的水路。因此，改善水質，增加溶氧，能夠幫助螃蟹繼續向前。

螃蟹不能長期在快速的水流中移動，牠們會沿著水域與陸域交接處前進。如果水邊有石礫，會成為牠們暫時的休息處。太光滑、平整的水岸，則不利於螃蟹遷移。簡單來說，螃蟹不喜歡水流太快的混凝土水路，也無法適應修邊整齊的水岸景觀。

螃蟹喜歡水深穩定、水流平緩的地方，所以螃蟹經常進出水稻或茭白筍田。牠們常在水稻梯田的石縫中棲息。如果梯田成旱地，旱地變荒廢，螃蟹就會失去棲息地。河中若有超過一公尺高、傾斜角度超過四十五度的攔沙壩，螃蟹也爬不過去。

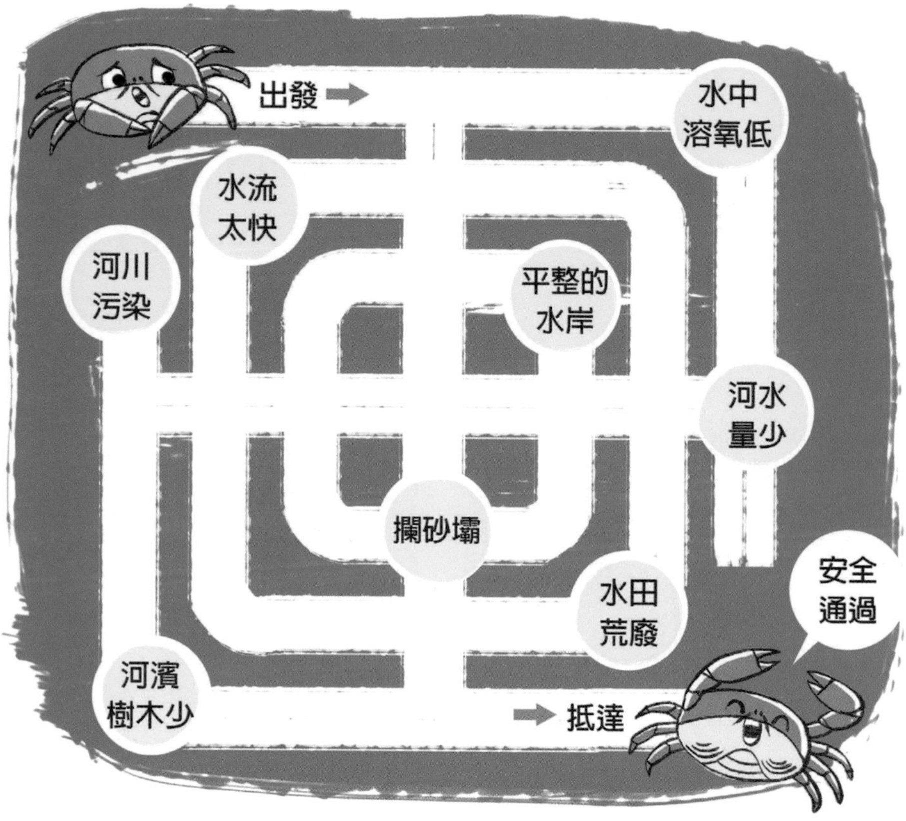
出發
水中
溶氧低
水流
太快
河川
污染
平整的
水岸
河水
量少
攔砂壩
水田
荒廢
安全
通過
河濱
樹木少
抵達

為全世界的螃蟹取名字

菈思本（Mary Rathbun, 1860-1943）是科學史上最著名的螃蟹學家，她是美國國家博物館「海洋無脊椎部」的研究員。她一生共發表了一百六十六篇有關螃蟹的研究，鑑定一千一百四十七種的螃蟹，包括一九二九年鑑定的臺灣特有種招潮蟹——臺灣招潮蟹。她以五十二年的時間幫世界各地的螃蟹命名與分類，一生以「螃蟹的簿記員」自居。她寫道：「螃蟹的存在不是只為了好吃、好看。認識螃蟹，是人類的財富。」

菈思本生於美國紐約水牛城，父親是馬路鋪石工，母親生她時難產，生下她不久就病故，是幫忙接生的護士領養了她。菈思本出生時身體受了傷，護士盡力的照顧她。她有深度近視，非常瘦小，成年時，身高僅約一百三十一公分。

她中學時，身高與上課的桌子同高，因為脊椎側彎，她不能彎腰低頭。一八七八年，她以全校英文課第一名畢業，她寫道：「好的文學，讓我能精準的敘述，清楚的說明，並善於與人溝通。」畢業後，她在公司當會計。工作之餘，她自修法文與德文。她不知道將來要做什麼，以為可能會當個文學翻譯家。

一八八一年，她陪朋友參加美國「漁類委員會」（U.S. Fish Commission）在麻塞諸薩州伍茲霍爾舉辦的海洋科學營。她忽然發現：「我對海洋與海洋生物，有種自發性的興趣。」她開始自學海洋生物學，並擔任海洋科學營的志工。一八八四年，「海洋漁類委員會」聘請她為職員。由於她表現得太好了，一八八七年她轉任國家博物館海洋無脊椎部的管理員。她負責將各地送來的螃蟹製成標本，再分類儲存。問題是，當時很少人分類螃蟹，角落裡已經堆放了一堆以前從各地送來的螃蟹。她重新將標本取出，仔細清理。海洋節肢動物部門是個冷門的單位，經費很少，每年只編六百元的薪水經費，只能聘用她一人。莅思本不在意，她寫道：「海洋螃蟹的標本，種類這麼多，顯示海洋生物的豐富。這需要有人去做保存、記錄與說明。」

莅思本沒有主管可以請教，她一生以驚人的毅力，將大約一萬隻螃蟹的標本，以自己的分類法標示，貼上自己替螃蟹取的名字。逐漸的，她變成海洋螃蟹的分類大師。她的個子很小，搬各地送來的螃蟹很辛苦。有些大螃蟹比她還大，她只好慢慢的推，有時一天只能搬一隻螃蟹。她用放大鏡鑑定，確定螃蟹的體型特徵後，放入分類箱裡。有不解之處，她會與丹麥、法國、德國等地的專家用信件溝通。若還是有不清楚的地方，她甚至會自費前往觀看。沒想到她的多國語言能力，是為分類螃蟹而預備的。

有人問她：「為什麼要從事大家都不太在乎的工作？」她寫道：「追求完美的工作，將枯燥無味。從事知道自己不足的工作，才是有趣又能進步的事。」她又寫道：

「觀察仔細，分類一貫，保持紀錄，與人溝通，是替生物命名最好的方法。」她由螃蟹的結構提出這樣的觀念：「螃蟹的鰓如腔狀，功能擬似肺部，能將水中的空氣，攜至陸域呼吸。」

著名的「地理聯結理論」

一八九一年，她開始對外發表她對螃蟹的研究，又撰寫專書介紹螃蟹。當時有人問她：「螃蟹有什麼值得研究的？牠們不過是一群賊，吃掉牡蠣養殖者在海邊養的牡蠣。」莅思本答道：「螃蟹只吃一些小型的牡蠣，超過一公分大的牡蠣，螃蟹難以打開牡蠣的殼。螃蟹可以減少牡蠣密集生長所產生的疾病，螃蟹是水中原來的居民，教導我們認識水域的原貌。」

她將各地送來的螃蟹標示位置、深度，又製

我拍攝到臺灣新竹潮間帶的厚蟹。

作世界不同海域螃蟹出現的地圖。她發現不同深度、水溫，生長其中的螃蟹種類也不同，她提出：「螃蟹腳的形狀不同，與其活動的海底是礁岩、砂岩或泥灘有關。」她寫道：「螃蟹的種類多種與體型多樣，顯示螃蟹是非常敏感的生物。牠們攝食水底的無脊椎動物，為了食物，可以進行長途的移動。螃蟹喜歡棲息在許多海草的地方，所以海水愈澄清，陽光能夠照射到深層，生長的水草就愈多，便會有很多螃蟹在那裡活動。牠們的多樣性，證明海水、陽光、海草與海底環境有多樣的連結。」這是後來著名的「地理連結理論」。

一九一四年，第一次世界大戰爆發，她申請加入紅十字會，擔任戰場的護理。面試時有人問她：「如此身材，怎能擔任護理？」她說：「我能夠抓西伯利亞來的深海大螃蟹，就可以搬運傷兵。」她因而獲得任用。直到一九一八年戰爭結束，她才回來繼續研究螃蟹。喬治華盛頓大學以她在螃蟹研究傑出的表現，授予榮譽博士學位。

一九三〇年，她開始研究海洋螃蟹的化石，她寫道：「化石裡螃蟹的種類，比現今螃蟹的種類多，而且體型更大，外表更加複雜，可見生物不是由少變成多種，不是由簡單變為複雜。螃蟹的外殼軟，所以化石裡的螃蟹較少。大多

數的螃蟹化石是埋在軟泥裡。如果用硬岩中的化石來判斷螃蟹只能在古時的哪一年代存在，就會有誤差。能夠大量存在硬岩中的螃蟹化石，大都是寄居蟹，因為牠們有堅硬的外殼。」她又寫道：「陸地上有海洋螃蟹的化石，這是過去海水曾覆蓋陸地的明證。」

她是最早呼

籲減少建造海港以免影響螃蟹生存的科學家。她寫道：「海港的凸堤會改變近岸的洋流，進而導致沙粒淤積、海草減少、底棲無脊椎動物死亡，並迫使螃蟹退到較深的海域，缺食而亡。減少港口是保護螃蟹最好的措施。」她又寫道：「為了增加海洋螃蟹的數量，在海邊放流人工孵化的螃蟹，是錯誤的保育方式。洋流不對，海水水質不對，反而會增加小螃蟹的死亡。」

她的工作始終沒有受到外界重視，直到退休前，她仍然在一人的部門工作，用很少的經費，研究世界的螃蟹，可見科學研究的成果，與經費多寡不一定成正比。在科學界，她沒有名聲，可是在螃蟹研究的領域，她是巨人。

她利用工作以外的時間與許多窮苦人家的小女孩互通信函，她用所學的知識鼓舞她們。她告訴這些孩子「如何細心保護螃蟹的殼」、「螃蟹長途旅行與洋流的關係」、「工作時遇到不認識的螃蟹，那不是麻煩，而是未知的新種」、「當我們像深海的螃蟹堅強，能夠在三千公尺下的地方活動，將會發現，所處的惡劣環境，能給自己很好的保護」。

一九三九年退休後，她擔任海洋博物的解說義工。某天她在解說時不甚跌倒，因髖骨骨折而病逝。她最後留下一萬元成立研究螃蟹的基金，讓有需要的學生申請。恐怕，很少人會像她這樣，用五十多年的時間研究螃蟹。她的著作很少人看，直到一九八〇年，全球螃蟹大量減少，許多物種消失，才引起人們關注，為什麼螃蟹不見了？眾人這才發現，許多答案都在她的著作之中。

追求完美的工作，將枯燥無味。從事知道自己不足的工作，才是有趣又能進步的事。

——菈思本（Mary Rathbun）

第5章

永遠不想從海洋學校畢業的學生——

近代海洋安全漁獲量的提出者

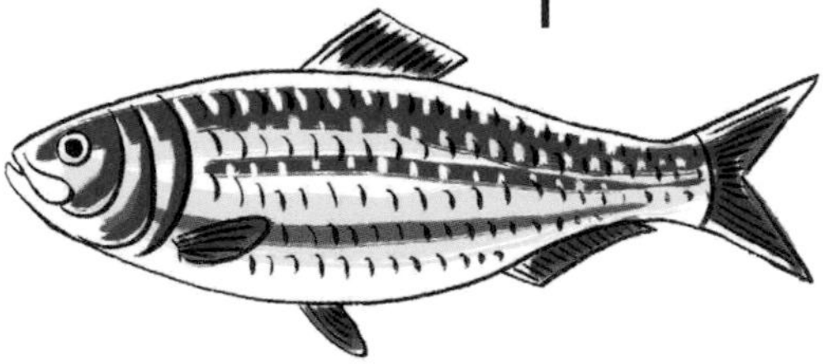

他是個奇怪的人，
想讓漁夫有魚可捕，
又想讓海洋有各種各樣的魚類。
他向普世提出呼籲，
智慧的海洋管理，
是要訂定「安全漁獲量」。
讓許多人懷疑，
世界上，眞的有安全漁獲量嗎？
他以一生的努力與奔波，證明了這一點，
從此，他開啓了世界上最早關於
海洋魚類的經營與管理。

鯡魚是北大西洋生產量最多的魚類，牠們經常幾十萬隻聚集在一起，在近海迴游，很容易被捕捉。成熟鯡魚的長度約十五至十八公分，壽命約八至十年，少數能夠活到十五年以上。鯡魚肉質鮮美，體內油質很多，蒸、煮、炸都很好吃，是歐洲最上等的魚肉之一。母鯡魚一年產卵約三至四次，共約兩萬至四萬顆，是世界上產卵數目最多的魚種，也是大西洋鯨魚、鯊魚、鱈魚、海獅等大型魚類的主食。

為捕魚而戰爭

西元前五千年，住在北歐海邊的挪威人已經開始捕鯡魚。長期以來，北大西洋鯡魚的漁獲量大都來自挪威。外銷鯡魚是挪威的漁民最重要的經濟來源。中古世紀，部分北歐的漁民為追捕鯡魚成群南下，導致地中海沿岸的國家緊張起來，以為北歐海盜入侵。到了十八世紀，漁民才發現鯡魚的數目在減少，這使得挪威、瑞典、芬蘭、丹麥、荷蘭等國的漁民常為了捕鯡魚發生糾紛。

每年九月，鯡魚游到大西洋的深海避冬。三月冰雪融化，成群的鯡魚游回淺海區產卵。鯡魚的幼魚主要攝食浮游性植物（phytoplankton），鯡魚較大時，才攝食浮游性動物（zooplankton）。每年鯡魚的魚汛來臨，各地漁民成群出動，進行搶捕。漁船追捕鯡魚魚群，有時會越界到他國領海，幾乎引發北歐的戰爭，各國的軍警只好出來維護秩序。北歐的漁民有句俗話是這麼說的：「要知道國家的軍警是否比漁民多？就在鯡魚前來時。」

世界第一艘海調船

十九世紀，鯡魚產量持續減少，價格變得昂貴。漁民因為捕不到足夠的鯡魚而感到恐慌。問題日益嚴重，卻沒有人知道鯡魚的數量為什麼會減少。直到一九〇〇年，挪威海洋生物學家約特（Johan Hjort, 1869-1948）向挪威政府遊說，建造一艘海洋研究船「米凱爾・薩爾斯號」（Michael Sars），調查鯡魚減少之謎。這是近代保護海洋生物的一個里程碑，開啟了日後的「海洋生物經營學」。他寫道：「國際海洋的漁獲量，短期是決定在捕魚技術的提升，長期是決定於海洋知識的了解。如果只靠技術提升漁獲量，一定會導致日後漁產枯竭。」

約特是挪威奧斯陸人，父親是奧斯陸大學牙醫學系教授，他在高中時期愛上海洋。高中畢業後，他到奧斯陸大學念醫學系，與來自瑞典的佩特森（Otto Petterssson）、來自丹麥的彼得森（Christopher Petersen）在學校成立「海洋社」，經常駕船出海，被稱為「海洋三劍客」。

海浪的圓舞曲

約特寫道：

「在海浪中，我知道再大的浪仍有起伏的規律，
在暴風中，我體會大海的沉穩，
在大雨中，我明瞭大海的溫柔，
在大海的廣闊中，我深覺自己的有限，
在大海來去的潮水聲，我感受到如貝多芬優美交響樂的節奏。
在海上各樣的困難中，我們在小船上互相協助，
我們的友誼，在海上，比在陸地上更堅定。」

醫學系畢業後，約特到德國慕尼黑大學念動物學碩士。一八九二年取得博士學位，而後回國擔任奧斯陸大學海洋生物學的講師。一八九七年，他升任德勒巴克大學（University of Drobak）生物實驗站主任。他經常駕船去探勘挪威不同的海岸，逐漸熟悉每個海岸、水深與海底特性等。他寫道：「海洋學是綜合性的學科，包括生物學、地理學、地質學、水文學、流力學、社會學、經濟學、政治學等。我以為自己擁有許多的知識，可是每當我要去了解海洋時，又覺得知識的拼圖上缺了一大塊。」

北極蝦之謎

他首先發現有些人跡罕至的海灣，只要底部是軟泥、水深在三十公尺以上，就會有大量的北極蝦前來產卵。他提出「保護挪威海灣的北極蝦產卵區，就可以維護大西洋北極蝦的產量」的論點，卻引來許多漁民的批評：「北極蝦不是游到哪裡就在哪裡產卵嗎？海洋中怎麼會有特殊的產卵區？」「教授會比漁夫更知道怎麼捕魚嗎？」約特寫道：「許多人認為我的觀點太狹隘，他們認為海洋的生物捕不完。今年捕得少，明年就會捕得多。當我提出無限制的捕捉將導致海洋生物枯竭，他們卻反駁海洋生物的多少，只是每個人不同的觀點，沒有絕對的量。我調查我的魚，他們捕他們的魚，要互相尊重。我堅不妥協，我要的是海洋管理的事實，不是看法。」

約特是以行動證明事實的人，他的熱情從來不會因為遭受批評而退縮。不久，米凱爾．薩爾斯號造好。這艘船造得非常堅固，幾乎可以面對北大西洋各種危險的海況，還可以在不同的海深布網捕魚。他決定以更多的調查，發現事實。

保護海洋生態的捕魚法

他從一九〇一年至一九一〇年駕著米凱爾・薩爾斯號調查北大西洋。這是非常艱鉅的工作，但是成果豐碩。他首先發現鯡魚的卵在攝氏四度左右容易孵化，這是鯡魚只在大西洋低溫海域迴游的原因。他也發現鯡魚常在近海的淺水域產卵，魚卵黏在海草上，而後孵化；海草若被泥沙覆蓋，鯡魚卵就不易孵化。他據此提出要維護鯡魚，近海海域的水質必須澄清，海底水草才能有足夠的光合作用，大量生長，供鯡魚產卵之用。

他還發現鯡魚群喜歡在無人捕魚的海域產卵，他提出：「在國際公海設立鯡魚安全產卵區。不要進入這些海域捕魚，才能長期維護鯡魚的漁獲量。」他又寫道：「如果不設立安全產卵區，鯡魚的數目一定日漸減少。」他每年航經許多觀測點捕捉鯡魚，計算捕到不同年齡鯡魚的比例。

安全漁獲的理論

他擅長統計學，能從一大堆數據之中看出端倪，找出規律。他發現鯡魚每五年就會進行一次大繁殖，那一年小鯡魚的數目大增。只要每五年，在鯡魚大繁殖的那一年減少捕魚量，以後數十年將可捕獲大型鯡魚。這是後來的「魚類族群動態論」，是訂定安全漁獲量的基礎。

他認為鯡魚大爆發的原因，是那一年海水的溫度較高，水中浮游性生物繁殖增加，鯡魚的食物增加，生產量自然變多。這是自然科學史上，第一個「安全漁獲量」的理論依據與實證說明。可是，當時科學界對這個理論反應冷淡。

深海魚類學

一九一〇年，約特駕駛米凱爾．薩爾斯號，耗費四個半月的時間，航行七千一百三十公里遠，量測北大西洋的水深、洋流速度以及水流方向。他在一百一十六個地點調查不同深度的魚類。一九一二年，他發表《海洋的深層》（*The Depths of the Ocean*），這是科學史上第一本對深海地理與魚類有系統介紹的書。因為這本書，他後來被稱為「海洋地理學之父」。

他在書裡提到：「海水因不同比重，有分層現象；因不同透光度，有顏色的分層」、「魚的顏色，與不同分層海水的顏色有關」、「愈深的海水魚，眼睛愈小、嘴巴愈大」與「光線無法透入的海水，許多魚類是透明的」等。更重要的是，他提到深海魚類的存在。此書出版時，引來學術界的很多嘲笑，批評他在幻想一些不存在的生物，甚至戲稱這本書是海洋的天方夜譚。這些攻擊很不公平，因為約特在這本書裡提到他懂的，但更多的是他不懂的，需要後人繼續探索。

他寫道：

「海洋的面積有限，

有關海洋的知識卻無限。

海洋深層的海水，幾乎不移動，
卻有上下的對流。
海面到海底的海水，是一樣的，
卻有許多的分層。
海水裡的營養分濃度很低，
卻持續將營養分供應給海洋生物。
海水的藻類很多，
卻在不同的分層，有不同的種類。
海洋的平均深度超過三千公尺，
卻有些更深的海溝。
海洋的深層是黑暗的，
卻有許多魚類在那裡發光。
我對海平面下兩百五十公尺的海洋，
知道一些；
對兩百五十至五百公尺之間的海洋，
知道很少；

對五百公尺以下的海洋，
幾乎無知。
我長期探測海洋，最大的所知，
是原來我是那麼無知。」

到了一九二〇年，挪威漁民替他證實了，他們抓到的深海魚類，的確如他所述。

海洋魚類大使

一九一四年，第一次世界大戰爆發，德國向挪威無上限的採購魚罐頭，英國的訂單立刻隨之而來。挪威的漁夫非常高興，這正是發大財的好時機。約特代表挪威政府與兩國會談，他卻堅持道：「挪威只能提供北大西洋安全的漁獲量給雙方，不是要買多少就賣多少。」

消息傳回國內，漁民幾乎暴動，約特這是斷送了他們賺大錢的機會。就算如此，約特仍堅持限量販售，結果竟賣到兩千萬英鎊，比原先雙方開的價錢多了一倍。從此，他才受到挪威漁民的愛戴。他寫道：「海洋漁獲的最高原則，就是限量而捕。海洋魚類的數目，有自然環境的限制，不是無止盡的滿足人類的需求。」從此，他贏得「海洋魚類大使」的雅稱。

一九一七年，約特在最有名望的時候，忽然離開眾人注意的焦點，到劍橋大學就讀生理學系，一九二一年取得生理學博士，沒有人知道他拿到這個學位是想要做什麼。約特寫道：「保護鯡魚而來的知名度，使我容易看不清原來的動機。我決定離開海洋與海洋調查船，重新學習。」

一九二二年，約特獲得英國皇家學會的榮譽獎章。他又出海調查小鬚鯨，發現挪威小鬚鯨的捕獲量愈來愈少，他以此調查結果向各國提出：「保護魚類的第一步是了解牠們，我們無法保育不了解的生物。」他畫出小鬚鯨經常生產幼鯨的海域，建議各國捕鯨船不要進入捕捉。鯨魚在躲避追捕時，會游到北極冰圈下方，他建議捕鯨船不要破冰繼續追捕，但是各國不肯簽署限制捕鯨協定。

我以爲自己已經擁有許多的知識，可是每當我要去了解海洋時，又覺得知識的拼圖上缺了一大塊。

——約特（Johan Hjort）

國際漁獲量公約

一九二四年，他提出北歐諸國與加拿大、美國應該有資源共享的觀念，訂定「國際漁獲公約」。但各國一直談不攏，使得北大西洋的魚類持續減少，他因此大受打擊，寫道：「過度的捕魚，是海盜的行為。」一九二四年至一九三四年，他幾乎退出和海洋生物有關的工作。

一九三四年，約特出版一本小書《生物學對人類的價值》（*The Human Value of Biology*），在書中他這麼寫道：

「人類，是唯一在探索大自然的生物，

這有什麼意義？

探索海洋，不該是為了奪取大自然的資源，

海洋，是人類與海洋生物所共有，

海洋的資源，是人類所共享。

海洋的環境，是各國要共同維護。

海洋的生物，是各國食物重要的來源，因此，

該為長遠考慮，而非為短期利益的爭奪。

當我安靜的思索，
海洋生物學的知識，為什麼沒有帶給海洋生物該有的福祉？
才發現
在於社會的發展與人性的偏差，
以貿易自由之名，拒絕公平。
以政治權力之名，不肯接受正確的事。
海洋魚類的枯竭，
是在預先警告人類，有一天，人類也將由貪婪走向枯竭。
難道海洋生物學家，是在面對毫無希望的結局？
不！應該起來教導人們，海洋的價值，
不只在認識海洋生物，
更在認識生命的意涵與價值。
人才會有智慧管理海洋，
享有海洋豐富的供應與資源。」

魚的觀點

一九三八年，約特出任「國際海洋探測委員會」的主席，這是探測海洋最大的國際組織。他是很好的科學家，也是不輕易妥協的主席，他經常與他國代表爭吵。約特始終認為「海洋的安全漁獲量，要由魚的觀點而定」，可是其他委員卻覺得「漁獲量是根據社會的需求，在人口不斷增加的前提下，只有最佳經濟漁獲量，沒有安全漁獲量」。約特常說：「如果人類一直如此，海洋魚類毫無希望。」

向海洋學習

一九七〇年代，海上油輪漏油，帶給海洋魚類再一次的打擊。一九八〇年代，氣候變遷使海水溫度升高，鯡魚每隔五年大繁殖的現象消失。二〇一〇年，挪威外海鯡魚漁場消失，只剩下零星的小漁場。

人類若只會捕魚，卻不懂得限制捕魚量，海洋魚類勢必枯竭。約特的一生，培養許多傑出的海洋學家，使挪威在近代海洋學的研究占有很重要的位置。

有一天，他在開會時與人爭論，腦溢血倒在會議室裡。

約特晚年寫道：「認識海洋吧，你的知識將似海洋深又廣。」又寫道：「面對海洋，我永遠是個學生。」

第
6
章

我把愛轉成輕晃海濱蘆葦的微風——

潮間帶的戲劇家

她以五十二年的時間，
研究濱海最平凡的植物——蘆葦。
她多次搭船，只爲看地中海諸國的海岸邊，
蘆葦生長得好不好。
她知道，她也許無法幫助遠洋的魚類，
但是，只要岸邊生長蘆葦，蘆葦分解後的
有機質與養分，
經過潮汐，流到近海，甚至到遠洋，
就能成爲許多海洋生物所需的食物。
她知道，她也許無法幫助許多候鳥前來棲息，
但是，只要岸邊生長蘆葦，
就能成爲候鳥的避難所。
她知道，她也許無法幫助海濱無數的招潮蟹、貝類，
但是，只要有蘆葦，就可以讓濱海生態系好轉。
許多人卻不認識蘆葦的重要，
放火燒掉，任意砍掉，

她爲此痛心。
如何讓人認識蘆葦的重要呢？
她做了一件從來沒有人做過的事，
將濱海蘆葦區，改成一座自然劇場
她編劇，讓人在裡面表演蘆葦的戲，
她編歌，讓人在那裡唱蘆葦的歌，
她撰文，讓人在那裡朗誦蘆葦的詩，
她編曲，讓人在那裡聽蘆葦的奏鳴。
她相信科學放入感情，蘆葦溼地將會成爲讓人親自體驗
近海生態之美的地方。
如今，許多國家的河口與濱海，保留一片片相連的蘆葦溼地，
我們不得不佩服，她的堅持、努力與對蘆葦溼地
那不離不棄的愛。

如果擁有一塊土地，同時擁抱理想，想讓更多人體會大自然，應該怎麼做？生物學家帕利斯（Marietta Pallis, 1882-1963）是近代科學史上橫跨生態學與戲劇學，以戲劇表

演開啟潮間帶體驗生態的第一人。

蘆葦劇場

英國諾福克河（Norfolk River）的河口，有片三百平方公里的泥煤土與長滿蘆葦的淺水區。幾千年來，蘆葦在該地生長，讓許多鳥類、昆蟲與哺乳類動物得以棲息。帕利斯買下那片土地，疏通部分河道，建立一座生態劇場。她用另類的眼光看待溼地，以創意組搭，成為野地的劇場，讓人在劇場裡能夠感受到大自然的節奏。

海濱的旅者

帕利斯來自希臘的一個富有家庭，父親是聖經語言學教授。一八九五年，她隨著父親到英國，於倫敦的「紐漢學院」（Newham College）就讀。她喜歡教育學，她寫道：「教育學給人自尊、價值、德性與美好的裝備，這是教育的功效。」一八九八年，她到利物浦大學念教育學系。她喜歡大自然教育，一九〇一年她轉到劍橋大學植物學系。她在學校認識了二十世紀最著名的生態學家田斯利教授（Arthur Tansley, 1871-1955）。她並非立志成為植物學家，而是將植物學當成教育的裝備。她的興趣廣泛，在劍橋大學時還參加了戲劇社與攝影社。有時她會到附近的海邊散步，如此寫道：

「誰說海濱就是孤單？那裡有許多水鳥；
誰說海濱就是寧靜？那裡有許多浪聲；
誰說海濱都是一樣？那裡有不同的植物；
誰說海濱都不改變？那裡有不同的季節。
海濱的美，像一本有品味的書，
讓人一頁、一頁的翻閱下去。
海濱的知識，像一個百寶箱，

讓好奇的人可以不斷的挖掘。
海濱的美與知識，可成為藝術與科學的交織，
只是欣賞的人在哪裡？
若沒有欣賞的人，海濱才是孤寂。」

生態管理的辯論

畢業後，她當記者，又當攝影師，也是莎士比亞話劇團的演員。一九〇八年，她回到劍橋大學加入「國際植物地理探勘」活動，到各地普查蕨類。一九〇九年，她第一次來到諾福克河的河口「布羅滋溼地」（Broads Wetlands），那是一大片沼澤區。早在羅馬占領英格蘭時期就被視為廢地，超過一千五百年未被開發，可是她卻有一種前所未有的感動，她決定要留在這裡。

當時歐洲與美國的生態學者經常辯論一個問題：「保護大自然，需不需要人為的參與？」以來自內拉斯加大學的克里曼（Frederic Clements, 1874-1945）為首的美國學者認為，大自然的土地是自然程序發展的地方，人的作為會干擾大自然，因此認為禁止

人類入侵，就是保護大自然的最好方式；以田斯利為代表的歐洲學者則認為，土地的存在蘊含歷史的記憶，具有文化的功能，有人類活動的軌跡，而保護大自然的意識，也是來自人心對土地價值的投射，因此，保護大自然需要人類的參與。

帕利斯沒有加入辯論，而是以建立大自然的劇場，親自實踐生態管理。她寫道：「大自然的教育，應該先有體驗，才有理論；先有接觸，才有書本。」又寫道：「我難忘家鄉的印象，希臘是由許多島嶼組成，海岸蜿蜒，海邊長了許多蘆葦，蘆葦林裡有許多海鳥棲息，許多螃蟹爬行，許多魚類在蘆葦林間的水道游進游出。海島上有純樸的農舍，簡樸的小路蜿蜒到蘆葦邊。有熱情的居民，友善的分享食物，說著海邊的故事。有些故事是他們的體驗，有些故事是古老的傳說。希臘的文明曾帶給人類文化深遠的影響，影響的背後來自他們對海濱環境的體驗與故事。這種人文與地理的互動，構成希臘古文明的特色。」

經驗地景學

帕利斯將諾福克河口大片的土地，結合該地的文化特色保存下來，打造成為海濱生態體驗區。她認為，如果將科學的知識轉換成生活體驗，將可提升居民的生活品質，增加生活內涵。如果將大自然與人為參與交錯，將帶給人們深刻的感受。

她寫道：「大自然沒有文字，無書可看；沒有言語，無音可聽。很多人走過大自然，卻不知看什麼、不知聽什麼，感受不到大自然韻律的節奏、物種的相依、生物間的巧妙平衡，以及生命與大自然互動的美。我若將一個地方經營為大自然的劇場，將是提供一個濃縮的焦點，讓人們去感觸、去體驗、去感動、去找到自己與大自然之間長期失去的連結，而且體驗者付費，也可做為生態劇場長期經營的經費。」

她又寫道：

「生態的體驗是，
不是自己要先看到什麼野生動物，
而是先不要被野生動物看到；
不是自己要先滿足什麼，
而是先注意野生動物、植物如何得到滿足；

不是自己要趕快做什麼，
而是先了解野生動、植物的需求；
不是自己要發現了什麼，
而是先從野生動、植物的問題切入。
海濱生態的最大危機，是人類。
人類根本不知道什麼是危機，以致使海濱
失去地景的特色，
再也不能成為濱海生物的避難所。」

這一段話，後來成為非常有名「地景體驗」（Experience in Landscape）的核心理念。

天然的浮島

一九一六年，帕利斯發現許多蘆葦的根系互相糾結，浮在水中生長，形成浮島（floating island）。她還發現浮島在海濱漂來漂去，不只可以減低海浪的沖擊，而且成為許多魚類躲藏的地方。這個發現使人認識天然浮島的功能，後來開啟用草本植物的浮島來淨化水質、保育生態、減波消浪與保護海岸線的做法。「浮島學」在一九七〇年代以後成為應用廣泛的學問。

隨後，帕利斯又發現蘆葦沼澤區的下方有幾十公尺深的泥碳土。她仔細分析泥碳土裡蘆葦的殘留，發現許多的蘆葦是在不同時間被一次又一次的洪水所掩埋。她首先提出：「這證明洪水對於生態也提供有利的一面，能夠促進泥碳土的形成。而泥碳土釋放養分，有助近海的生物。」這是自然科學史上，第一篇提及洪水對於生態有幫助的報告，顛覆過去以為洪水只會破壞環境的印象。

溼地所有權

第一次世界大戰結束後，英國政府想將諾福克河河口開發為軍港，以讓船艦快速進出北海海域，帕利斯一知道這事，用所有積蓄買下諾福克河的所有沼澤區。她的理由是：「植物組成的族群，不能離開所屬的地理環境。」英國海軍以高出幾倍的價格向她購買，她也拒絕。由於她不為一時的利益屈服，才能將英國最大的海濱溼地保留下來。

一九三〇年，她到歐洲調查各國海岸線水生植物的生長。一九三六年，她發表「歐洲植生的一般性」（*The General Aspects of the Vegetation of Europe*），提到如何利用濱海的植物保護海岸環境。然而有誰在乎海邊的水生植物呢？有誰肯去傾聽海濱植物與動物間的關係呢？那是冷門中的冷門，不會有人在意的主題。她只好回到諾福克河，往後的二十年，她只與在地居民溝通又溝通，教育又教育，一起將諾福克河口溼地打造成符合在地生態、文化的自然劇場，並由居民當演員。

生態劇場的核心

直到一九五八年，這座自然劇場才對外開放。她寫道：「溼地是舞臺，植物是道具，鳥鳴是音響，陽光是打光，水流是場景，我們在這裡

我們在濱海的劇場遇到李爾王。

表演。演什麼呢？用人生體驗，寫下的故事。」

一九五八年之後，她又將生態劇場的理念融入特殊教育，例如，坐輪椅者進入大自然無障礙空間，視障者在大自然的接觸體驗，特殊兒童與大自然接觸的低風險教育。她提出了生態劇場的七大核心理論：

一、生態之美，可成為人類美好的經驗。

二、不同程度的生態棲地保護，可接受不同人數參與的空間。

三、動物與人的互動，是動物的生命本能。

四、人與植物的互動，是植物自然演替的一環。

五、人在動、植物之間，可以提升對大自然的敏銳與求生能力。

六、愈是敏銳的物種，要保持愈遠的距離。

七、營造最佳的棲地，在於棲地的形狀、顏色、空間的多樣。

溼地復育

帕利斯在晚年時，發現泥碳土的深度到達十公尺以上，泥碳土的滲水性仍低，可成為天然的防漏層，於是她將蘆葦溼地浚深，有的一至兩公尺深，成為可划船的水路；有的兩至三公尺深，成為開放的水域，讓海鳥飛入棲息；有的四至八公尺深，讓魚類可以游入產卵，她稱之為「溼地復育」。一九八〇年代之後，全球紛紛仿傚她的做法。

她寫道：「生態劇場不是用一塊土地的自然面貌，原封不動的擺在眾人面前。生態劇場給人某種強度的刺激，尤其是視覺，那是人類對外界最敏銳的感官。」當時有些人批評她：「太誇張了，拿溼地來當表演劇場。」「溼地也要復育？太不科學了。」

帕利斯沒有直接回覆，而是寫道：「人類只參與了大自然的一部分，我期待在濱海溼地的保護上，盡到上帝僕人的角色，使溼地維持在最好的狀態，讓人不斷的發現其價值。」

她只是盡其所能的，與蘆葦一起表演下去。

第7章

夜，南極十字星座下的航駛——保護藍鯨的先鋒

亞哈是邪惡的船長，
以殺戮龐大的藍鯨，
證明自己的英勇，
以在廣大的海洋，追捕瞬間出沒的抹香鯨
展示自己的聰明。
他從來沒有失手，直到遇到一條兇猛的白鯨，
經過一場兇猛的獵捕
牠傷害了他的一條腿。
從此，復仇占滿他的心，苦毒成爲他的力量，
他開著捕鯨船，帶著一群不知底細的水手，追殺這條大白鯨。
「看啊，大白鯨在那裡！」眺望的水手喊道。
亞哈率領水手快速划著小船，
他拿著帶鉤的標槍，大聲咒罵著，
全然不知，他將自己與他的水手，
引進死亡的漩渦裡，
只有一個水手逃出，敘述這一段故事，

他的名字是——以實瑪利。

這是一八五一年，

美國文學家梅爾維爾的作品《白鯨記》。

書裡，邪惡的亞哈沉到海裡去了，

但是每個世代，都有亞哈船長再現，

他們沒有遇到大白鯨，卻不斷的獵殺

千千萬萬的鯨魚。

難道沒有人，可以攔阻這種狀況？

有。他是普世維護藍鯨的先鋒，

麥金多（Neil Mackintosh, 1900-1974）。

人類獵鯨已有千年歷史，在十二世紀便有北歐漁民捕鯨的紀錄。世界的捕鯨史經歷了三個時期的演變：由十二世紀至一八六八年，水手划槳讓小舟貼近鯨魚後，水手再由船頭擲槍射傷鯨魚。受傷的鯨魚會迅速逃逸，水手划船在後追逐，直到鯨魚力竭，以標槍射入鯨魚的心臟或大腦，等鯨魚死後再拖回船邊肢解。這種方式能夠捕殺的大都是小型的鯨魚。這種捕鯨的小舟，長約九公尺，船上有五至六個人，獵捕時若大浪翻騰，水手很容易掉到海裡去，而且一次出發至少要四艘小舟，四面圍堵，較能奏效。

捕鯨的簡史

一八六八年，製造出蒸汽渦輪式的捕鯨船，船頭裝設加農炮，能將帶鉤的鐵槍打得有力又遠，直接射入鯨魚的身體，而後再快速追捕，增加捕鯨的效率。游得較慢的鯨魚遭到大量獵殺。

藍鯨是體型最大的鯨魚，游速很快，能夠潛到深海，最難獵殺，而且藍鯨死後會先沉到水底，很難撈取。但

是一九二六年，人類發現鯨魚有固定的迴游路線，於是製造海上大型的動力浮塢，在藍鯨迴游的路線上等待。獵殺後用動力機械打撈，在海上直接肢解，非常有效率。從此，上萬隻藍鯨迅速從海裡消失，許多原本常見藍鯨的海域，幾乎已經看不到藍鯨的蹤跡。

鯨魚的油可製造燃料，鯨魚的肉可製成罐頭。獵殺一頭藍鯨得到的油與肉，份量約為小型魚的二十至二十五倍，獵殺藍鯨簡直是暴利。捕鯨業從來不向外界報告獵殺鯨魚的數目，公海上從事的捕獵行動是政府管不到的死角。一九二七年，英國「海洋地理委員協會」（Oceanographic Commission）決定派出一艘海調船進行調查。一九二九年這艘船出發了，船上有個專家名叫麥金多。

喜歡海上生活的人

麥金多生於英國的漢普斯特德（Hampstead），中學就讀西敏書院，而後到帝國大學念動物學系。他在學生時代讀過鯨魚減少的報導，他寫著：「強權，不該占有更大的海域，海洋應該是國際公有。科技，不是獨占更多的海洋生物資源，要有人用心去維護鯨魚。」他大量閱讀有關鯨魚的知識，他寫道：「我深深的同情鯨魚的遭遇。」他因此決定一生從事保護鯨魚的工作。

一九二四年大學畢業後，他前往研究南太平洋海洋生物的「南喬治亞海洋生物實驗站」（Marian Biological Station at South Georgia），參加這遠洋生物調查站的籌設。迄今，這仍是南半球最重要的海洋生物調查中心。一九二五年三月，他看到藍鯨南迴，於是駕船尾隨，一直跟到南美洲的福克蘭群島（Falkland Islands）。他發現至少有二十種鯨魚聚集在那裡。他沿途量測海水水溫，發現那是南半球最後的溫水域，再往南就進入南極低溫海域。原來那裡是鯨魚進入南極海域的通道。

麥金多有重大的發現，卻犯了一個錯誤，他在福克蘭海域逗留太久，引起捕鯨者的注意。他們向「南喬治亞海洋生物實驗站」抗議，這個實驗站是英國政府用鯨魚油交易稅收的百分之一籌設的，捕鯨者認為實驗站是他們的，是為他們的好處設立的，要求「海水、海鳥、海獅、海藻、海蝦等都可以調查，唯獨鯨魚不可以」，向英國政府施壓。

英國政府用電報叫麥金多速返，他只好返回，他寫道：「為什麼藍鯨愈來愈少？原來牠們必須游在人類的貪婪與政治角力的海域之外。可是當科學愈進步，政治與利益合作，這種海域愈來愈少了。」他又寫道：「有上帝的創造，過去藍鯨能夠在海裡，是神蹟。有人類的屠殺，現今的藍鯨還能在海裡游，也是神蹟。」

一起畫鯨魚

一九二九年，麥金多成為實驗站的主任。期間他出海三次，每次為期半年，到了福克蘭群島的海域就折回。麥金多是幽默的人，他寫道：「海洋生物學家在陸地太久，就想出海；在海上太久，就想上岸。我在船上要安排節目，大家每天輪流泡咖啡、輪流講故事，分享自己帶來的食物等。我盡可能不用制度管理，雖然看似鬆散，可是這樣每個人才有自己研究、思考的空間。如果觀察沒有什麼成果，我們就輪流講笑話。如果笑話不好笑，我們畫鯨魚漫畫，因此每個人都有一本鯨魚畫冊。」他對福克蘭群島的海域愈來愈了解。

同年，他忍不住關掉電報，完全用目測判斷，朝著南極十字星的方向，在夜間駕

> 強權，不該占有更大的海域，海洋理應是國際公有。科技，不該獨占更多的海洋生物資源，更要有人用心去維護鯨魚。
>
> ——麥金多（Neil Mackintosh）

船進入南極海域，展開近代海洋生物保育與環境保護，非常著名的藍鯨研究之旅。

追蹤藍鯨

他相信藍鯨經常進入南極海並非無意義的活動，而是有理由的。他在南極海一路追蹤藍鯨，尋找成群藍鯨的去處，沿途測量海水水深、水溫、水流速度、鹽度、懸浮性藻類與動物。

以往都認為南極溫度極低（攝氏負八十度），夏日很短，黑暗漫長，不可能有太多的懸浮性藻類，麥金多卻發現南極海的懸浮性藻類很多，這是非常重要的發現，顛覆了以往的科學認知。他仔細的量測，才知道南極海底有許多多年累積的有機

質沉積，海水深層溫度是攝氏四度，表層海水水溫是攝氏一至三度，這一點點的溫度差，使得深層海水上升至海面，順道夾帶了豐富的養分。懸浮性藻類便利用這些營養分在夏日時間大量繁殖。

藍鯨在南極海的功能

過去科學家以為海洋耐低溫的懸浮性動物數目不多，麥金多卻發現其中的箭秀蟲（Sagitta elegans）與裸海蝶（Clione limacine）很多，牠們嗜食懸浮性藻類，也能大量繁殖。這兩種浮游性動物夜間沉入水底，白天浮游至海面下二十五公尺深的地方。原來藍鯨進入南極海，主要是吃這兩種浮游性動物。他揭開藍鯨每年至少有一個月會游到南極海的原因，牠們在此獲得最多的食物。

南極是陸地，陸地上的冰川受重力影響，成塊的冰會慢慢滑落至海洋，成為海上的冰山。受到洋流的碰撞，將海面的冰山撞成碎塊，才能維持海水表面的低溫。陽光從碎冰之間透入水面，浮游性植物因而大量生長。

麥金多發現正是因為有「懸浮性藻類—浮游性動物—冰川運動—洋流—海水上升

運動」如此複雜的機制，才能巧妙的維持藍鯨的族群生存。而藍鯨吃掉大量的浮游性動物，使懸浮性藻類旺盛成長，這些藻類行光合作用所釋放的氧氣，是地球大氣層氧氣最大的來源，簡言之，藍鯨進入南極海，與地球上每個生物的生存息息相關。

跨國推動限制捕鯨運動

麥金多進入南極海追蹤藍鯨這件事並未對外發表，直到一九三七年英國政府知道後，以麥金多率先進入南極海，聲稱南極海為英國的

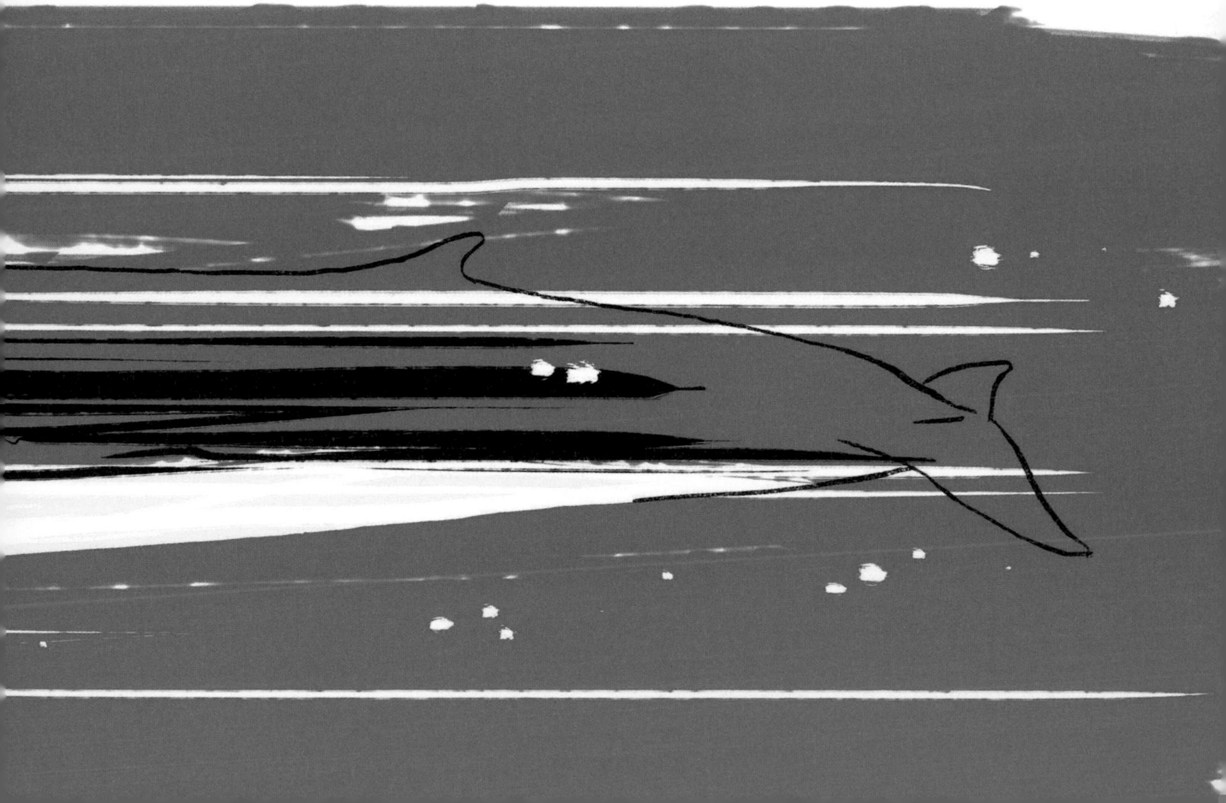

領海。麥金多大力抗議：「陸地上的國家，不應該擁有領海。海洋屬於每一個國家。」又說：「一個國家對人類文化的正面影響，不在於地理面積有多大，而是在於知識的影響有多深遠。藍鯨的探究不是屬於政治的角力，或是經濟好處的獨占，而是知識的分享。」

有人譏笑他：「為了藍鯨，將體力、腦力花在不重要的事情上。」麥金多回應：「就是因為你們認為藍鯨不重要，我才要用體力、腦力凸顯其重要性。」而後政府要他閉嘴，也不讓他報銷進入南極海的油料帳單，捕鯨業也威脅他要取消調查船的船號，

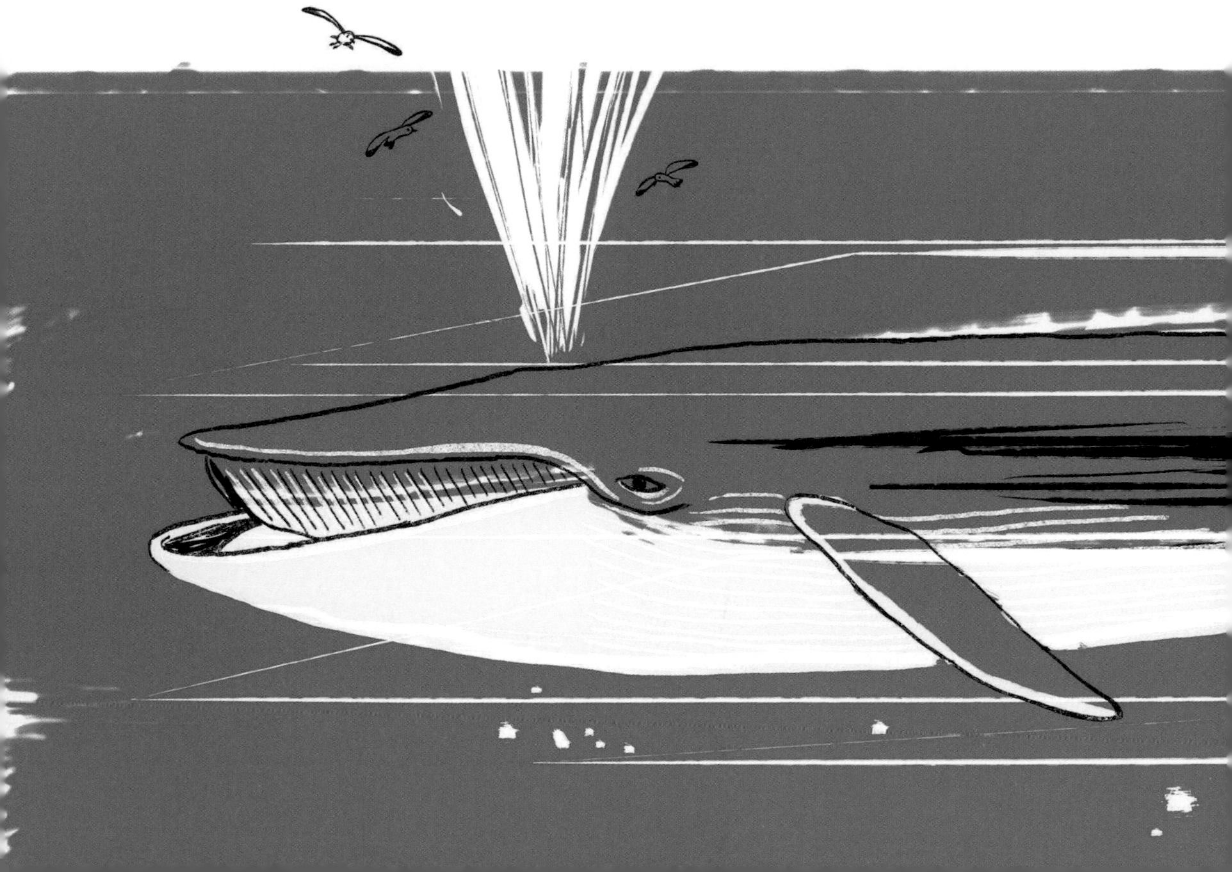

以免他「傳播不實訊息」。一九三九年，麥金多辭職。他寫道：「不想看到太多人，只注意海面上的利益，不看海面下的藍鯨。」之後他到不同的國家宣導保護藍鯨的觀念。

一生守護海中的珍寶——藍鯨

一九四六年，第二次世界大戰結束後，海軍雷達的技術運用到追蹤藍鯨，各國的海洋專家愈認識藍鯨，愈明瞭南極海的重要。一九四九年，麥金多同時兼任「國際海洋研究所」執行長以及鯨魚研究部主任。

他派出船隻巡邏四海，保護鯨魚。一九六四年，他也推動保護抹香鯨，並不斷向外發布鯨魚的知識與近況。一九六八年退休後，他仍到各處演講，推動鯨魚的保護，展示照片，讓更多人支持。他寫道：「很多人以為海洋的珍寶，是藏在金銀島上，我卻認為海洋的珍寶，是在藍鯨上。」

藍鯨安全了嗎？不。許多農藥流入海洋，許多塑膠被棄置海面，許多汙水排入海中，海洋的核爆，沉船的漏油，與偷獵鯨魚，如同邪惡的亞哈帶著更惡毒的武器在追捕鯨魚。

這世界需要更多的麥金多，以告訴世人藍鯨的重要。他在晚年時寫道：「在海上尾隨鯨魚，是我一生最美的回憶。」

第8章

好吃的河蜆其實很可怕——

發現河蜆警訊的人

他是美國墾務局的地質調查員，
一九五八年，美國加州正在進行世界上最大的輸水工程，
要將北加州的水送到南加州，
發展那裡的農業，與濱海地區的大城。
這輸水工程，要跨幾條河，橫越幾座山，
所產生的經濟效益與民生的用途，顯而易見。
但是，他發現有種外來的河蜆，會藉由輸水的水路，散布到各處。
河蜆入侵，也是嚴重的問題嗎？
不是拿來吃就沒事了？不然野地的鳥也會將其吃掉啊。
可是人們全然沒想到
日後，河蜆造成美國能源的危機，
核電廠的危險，
與潮間帶貝類減少。
這是普羅科普維奇（Nikola Prokopovich, 1918-1999）的發現，
開啓世人認識，海洋也有外來種生物入侵的問題。

普羅科普維奇是烏克蘭人，大學時念地質學系。一九四一年，德軍入侵烏克蘭，他加入軍隊，看到同袍慘重的傷亡。二次大戰後，烏克蘭又被俄國併吞。普羅科普維奇與家人避居海外，一九五〇年，他們到了美國。他先做雜貨店的店員，又做了幾份臨時性的工作。直到一九五八年，墾務局招募人員，他去應徵，才有正式的工作。

美國加州北部的水多，中南部的水少，但是工業、農業與大都市都在中南部。一九三三年，聯邦政府開始進行北水南送的工程，建造幾座很大的水庫蓄水，與長一千一百二十九公里的輸水圳路，直到一九六〇年才完工。完工後，墾務局負責維護。普羅科普維奇的職位不高，專責水路巡視。主要的工作內容是量測水路的淤積，這是一份低層的工作，但是他認真、踏實的做，沒想到有了驚人的發現——這項大型的工程建造，竟然成為外來種生物入侵的管道。

加州灌溉水路成為河蜆入侵的管道。

透過工程管道入侵

他帶著水底採泥器到現場採樣。當時的水路流速湍急，他要採集湍流下的泥沙非常不容易，以前做這份工作的人就隨便做，採多少算多少。但是他耐心的改良水底採泥器，讓採上來的底泥不會掉落，直到採集到所有的底泥。而後他發現一個前所未見的現象，底泥中竟然含有大量的亞洲河蜆。這些

河蜆密集生長，一平方公尺的水底可以生長一萬至兩萬隻。一九六二年他發表這項結果，認為生長在水底的河蜆會黏住底部，增加水流的阻力。

河蜆原生長在臺灣、越南、中國南方，經常棲息在水底，分布在淡水區域至感潮灘地，屬於一年生的動物，產卵很多，只能活在乾淨的水中。河蜆含有豐富的營養分，經常成為桌上的佳餚之一。在亞洲，沒有人視其為令人困擾的物種。

二十世紀初期，亞洲的移民將河蜆帶到美國加州，可能有人養殖來吃。一九三五年，有人發現在加州沙加緬度河有若干河蜆，數量不多，分布範圍狹窄，所以並沒有引起太多關注。

可是普羅科普維奇在水路底部卻發現從未看過的大量河蜆，這是河蜆大量生長的現象。冬天時，水路停止輸水，他到水邊想清除河蜆，才發現河蜆緊黏在水路側邊或是水門上，非常難清除。一九六四年，他寫道：「我們對這些河蜆完全不了解，這麼大量生長在水路裡，將會有什麼影響也不清楚。很多人認為這只是水路管理上的小麻煩，用機械動力可以去除。但是無論我用什麼方法，都無法將這麼多的生物清除乾淨。即使清除了許多，剩下的河蜆還是會繼續繁殖，這個問題將會一直產生，難以徹底解決。」

快速決策的陰暗面

他又繼續觀察這現象，寫道：「原來亞洲河蜆比美國河蜆更適合棲息在混凝土的水路，牠們比較耐熱，在強勁的水流處，會躲入較深的底泥中。這代表工程建造物所產生的水域，竟有篩選生物品種的效果。亞洲種占了優勢，將取代美國原生種河蜆。」其實調查泥沙才是他的工作，研究河蜆是個意外，可是他無法忽視這樣的大發現。

一九六六年，他沿著輸水系統擴大調查區域，發現亞洲河蜆已經藉由水路散布到加州中、南部的河川、池塘，甚至在感潮地帶氾濫成災，以致原本在海灘的蜆類也逐漸被其取代。他寫道：「人口增加、都市發展、工業製造，都需要用水。水資源政策在大量需求的壓力下，政府很容易驟下決定，建造大型的工程來滿足所需。在工程技術上，輸水並不困難。困難的是，事先並未考慮到大型建設讓外來生物入侵所帶來的影響。」

河蜆造成發電廠危險

他又寫道：「國家的工程建設，應該朝向人的需求與環境保護互相協調，這需要事先仔細的調查與規畫。若倉促決定執行，未知的問題將接踵發生。工程案不該加速通過，而需思考潛在的問題，以免未知物種入侵。」

這個發現後來引發「環境危機的覺醒」，促成一九六九年美國訂下《國家環境政策法》，要求工程進行前要通過「環境影響評估」，減少工程對環境負面的影響，幫助國家決策者預先有危機意識，以做正確的決定。

法令雖然通過了，可是河蜆的分布範圍仍持續擴大。一九七〇年，亞洲河蜆已經襲捲美國南部諸州。一九八〇年，美國百分之九十的河口都出現亞洲河蜆過多的問題。熱帶地區的生物，竟然成為溫帶地區的困擾，這是眾人都意想不到的。尤其在較寒冷的水域，發電廠與核電廠排出來的水溫較高，讓亞洲河蜆在冷水區找到新的熱點，億萬隻在排水管口群聚生長，阻礙排水，造成危險，強迫美國發電廠每年必須關廠一段時期，派員下水清理。

洞燭地質是環評的關鍵

一九六六年之後，普羅科普維奇沒有持續追蹤河蜆，他回歸本業，探討水路經過山腳時，漏水可能導致山坡滑動；地下水管破裂，可能造成地面陷落的危害；地下水超抽，導致地盤下陷等問題。他將地質與工程的問題連結在一起，使地質條件成為環境影響評估的重要因子。

一九八〇年代，核電廠設置的場址的安全評估，成為全球工程安全最具爭議性的問題。普羅科普維奇寫道：「核電廠的選址，不能位於地質斷層帶與地滑區，是所有工程中最首要的安全要求。無論人類的經濟發展多麼渴求豐沛的發電量，地質條件是首要的考慮。人類的需求與必要之間，要有道切割線。在哪裡切割，是核電發展與工程安全之間，難解的問題。」

一九九〇年，發現亞洲河蜆夾帶的細菌也入侵美國的水域，造成水生物感染傳染病；二〇〇〇年代，發現亞洲河蜆入侵近海的生態保護區，即使派人清除也清理不完；二〇一〇年代，河蜆仍在阻塞美國的發電廠與核電廠的排水口，而且擴散到英國、德國……。

普羅科普維奇的研究資料如今珍藏在加州大學的圖書館內，見證他所說的：「人類太依賴科技，以為科技可以解決許多的問題，卻忽略了科技也會製造問題，而且是更多、更多的問題。」

第9章

有誰聽過座頭鯨在唱歌？

保護座頭鯨的人

座頭鯨是海洋裡，最會唱歌的魚之一。
只有公的座頭鯨會唱歌，
牠的體長可達十三公尺，體重可到四十噸重，
但是歌聲很柔和、低沉。
每一隻座頭鯨唱的歌不同，
唱出的音頻也不同，
唱歌的數目也不同。
有的唱五至七首，有的會唱到二十首。
每首歌的節奏、長短也不同，
有些歌，約唱二十分鐘，
有的歌可唱二十二個小時之久。
原來，除了人類、雀鳥、蟋蟀等，海底的世界，
還有愛唱歌的生物。
這使得海水之下不寧靜，而是魚聲喧譁。
可惜，即使座頭鯨是海中的低音歌王，
人類還是不斷除滅這海中的聲樂家。

長期以來，
人類不在乎這音樂家是在唱什麼歌，只在乎牠的肉好不好吃；
人類也不在乎牠的歌聲好不好聽，只在乎牠體內的油夠不夠多。
也許，有個很重要的任務，
我們需要爲人類開設
「座頭鯨的音樂教室」。

多賓（William Dawbin, 1921-1998）是自然科學史上研究座頭鯨歌唱的先鋒。他從一九五一年開始，秉持著驚人的毅力，花費四十年的時間，約記錄一千隻座頭鯨的歌聲。他仔細的傾聽，了解每隻座頭鯨的唱法，以此了解座頭鯨在海洋的遷移、活動、繁殖、覓食等行為。他透過研究累積的保護座頭鯨的資料，突破長期以來人類無法了解鯨類的瓶頸。

我第一次遇到鯨魚的地方——舊金山海灣。

一個島嶼一個兵

多賓是紐西蘭人，生於菲爾丁。他就讀紐西蘭大學醫學系時，第二次世界大戰爆發，他被國家徵召，派到坎貝爾群島當情報官。他要帶著一把來福槍、一些軍糧與一架無線電報機，在坎貝爾群島中的一座無人島上當守衛，以監督日軍的潛水艇或是德國的戰艦是否出現。他從一九四三年開始守衛無人島，可是直到一九四五年他都沒看到過一艘敵軍的船隻，反倒經常看到成群的座頭鯨在海上活動。他大概是全世界最無聊的守衛，每天面對茫茫無人的大海，只好記錄所看到的座頭鯨數目，並嘗試辨識牠們每一隻的特徵。只是他並沒有向軍方報告每天有幾隻座頭鯨游過。

戰後，他回到大學完成學業。一九四六年，他到澳洲就讀雪梨大學醫學研究所，研究人體運動神經學，當時這是很熱門的研究領域。但是，他依然難忘座頭鯨。隔年，他聽說英國皇家南極探測船「發現二號」要徵募人員，調查鯨魚的迴游，他以船醫的身分前往報名。沒想到他這個完全沒有航海經驗的人，憑著熱忱，竟然被錄取了。

探險南極海

而後三年，他隨船探勘紐西蘭到南極洲的廣大海域。多賓寫道：「進行海上探勘時，我需要沿途量測海深、洋流、流速。冬天，這裡每天都是黑夜，風浪很大，有時溫度低到攝氏負五十度。許多人聲稱南極海洋是世界上最危險的海域，很少人敢前來。然而一大片寧靜的海域，卻是我學習認識海洋的機會。大海的探險，讓我培養出堅強的身體與勇敢的毅力。」一九五〇年，任務結束，他回到澳洲當醫生，做得還不錯，但是他又想起了座頭鯨。

一九五一年，他到「庫克海峽鯨魚觀察站」（Cook Strait Whaling Station）擔任鯨魚觀察員。庫克海峽位於紐西蘭北島與南島之間，平均寬度約四十一公里，是許多座頭鯨迴游的地方。當地的毛利人告訴他：「座頭鯨通過時，吵得很。不知道牠們在叫什麼？」這話讓他想到了他的無線電，於是他改裝無線電的收音接頭，放到水裡錄音，竟然清楚錄到座頭鯨的叫聲。有人譏笑他說：「用錄音機錄鯨魚的聲音？這根本不是

寧靜的海域，是我學習認識海洋的機會。大海的探險，讓我培養出堅強的身體與勇敢的毅力。

——多賓（William Dawbin）

在觀察鯨魚。」他卻認為觀察不是只用看的，也可以用聽的。

鯨魚音域學

他將所錄的叫聲轉成音頻，訝異的發現座頭鯨的叫聲是有規律性的重複，而每一隻座頭鯨的叫聲都不同，他認為可以憑此標示每一隻座頭鯨。這是近代海洋生物學的大發現，這種辨認方式後來稱為「鯨魚音域學」（Whale Acoustic）。多賓寫道：「原來座頭鯨發出的是有意義的聲音，牠們在呈現水裡世界的事。讓我能夠從鯨魚的角度，而不是人類的角度，看海裡的環境。」他駕著小船出去追跟座頭鯨，觀察在牠們發出聲音時，究竟發生了什麼事。這是很辛苦的工作，船在海面上，座頭鯨在海面下，他經常會追丟。

他發現座頭鯨對船的引擎聲很敏感，感到緊張時會快速逃逸。他寧願不是追鯨能手，也不為了研究，加快船速去追逐。他堅持研究的重點是關懷座頭鯨，而非為了自己的研究成果傷害座頭鯨。他不想追到底，而是與英國、俄國、日本、美國的愛鯨者聯絡，請他們協助，用錄音的方法，互相分享比對的心得。

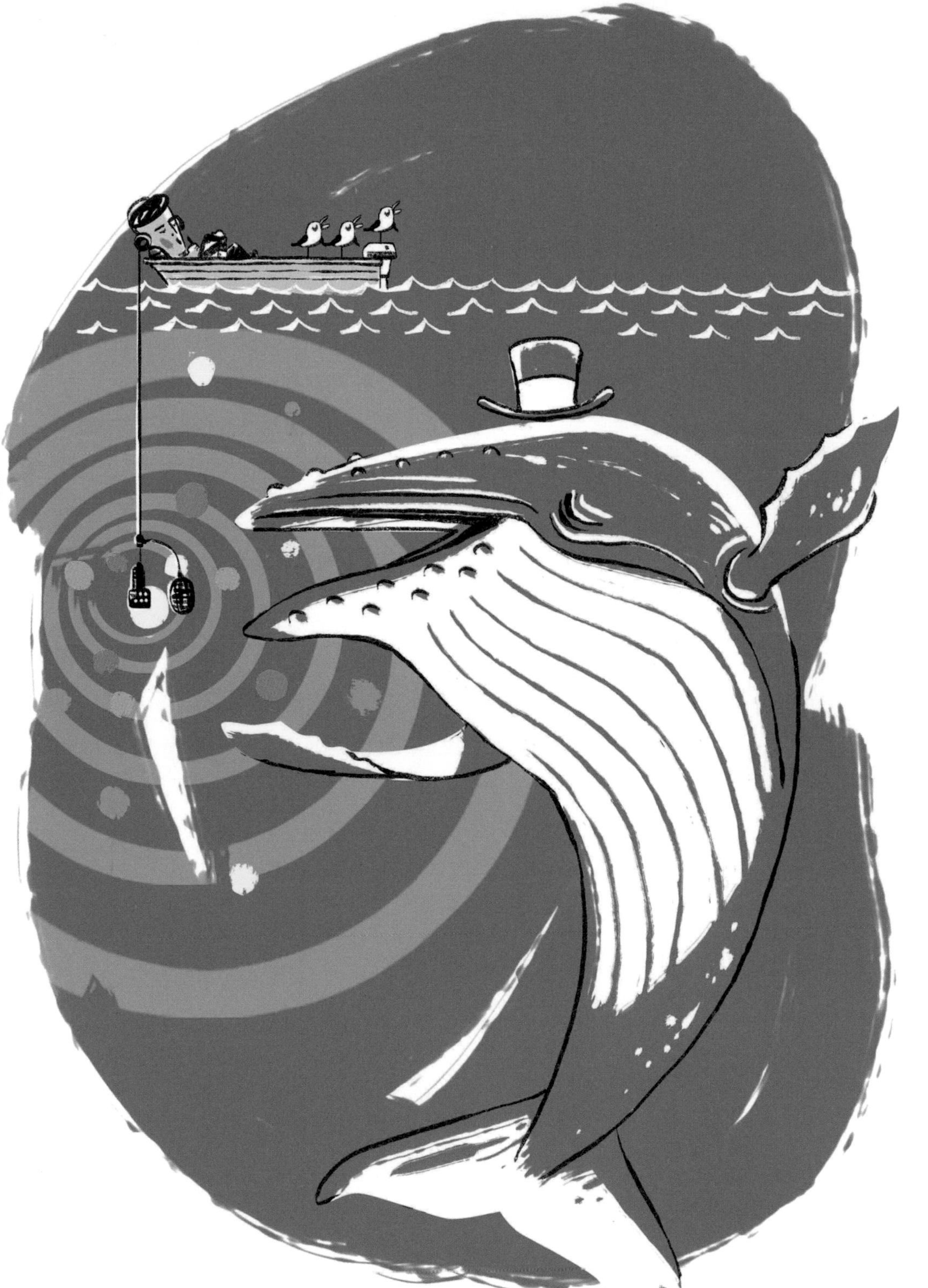

這些人的合作，形成評估安全捕鯨的科學論證，後來，他們一起加入「國際捕鯨協會」，成為「科學委員會」的各國代表，促成日後全面禁捕座頭鯨的決策。一九五六年，多賓已成為著名的座頭鯨專家，並擔任雪梨大學動物學系教授。

倡議具高度的國家海洋政策

但是，多賓寫道：「國家的海洋政策，不應該定在能得到多少的漁獲量，或在爭取多少海域是自己的領海。而是長期投入認識海洋與海洋生物的研究，做為與國際合作，一起訂定保護海洋政策的基礎。我認為研究生命科學的精神，是讓人以一生之久來進行的，期待能做為理性判斷的基礎、合理決策的依據。」

當時，有人認為座頭鯨發聲，只是單純為了求偶。一九六〇年，多賓提出反對意見，他提出：「座頭鯨發聲，有的是為了求偶，有的是雄鯨之間的溝通，有的是大鯨在引導幼鯨，有的是用聲波反射判斷水深，有的是對同夥發出警告，有的是用回聲判斷洋流的速度等。不要老是把生物複雜的行為歸屬於性的需求。」

座頭鯨迴游及水下噪音

他也發現座頭鯨的幼鯨經常在淺海的珊瑚礁岩覓食，這證明戈斯在十九世紀提出的論點，珊瑚礁岩在保育幼鯨方面的重要性。他又發現座頭鯨經常接近海岸的原因，原來近海深度三十至六十公尺處有許多浮游性植物，座頭鯨在那裡攝食。他提出：「如果人類活動，使得近海水色汙濁，減少浮游性植物的生長，將使座頭鯨失去足夠的食物。」

他還發現座頭鯨是遷移的生物，三月會自寒冷的海域游到較熱的水域；夏天生產幼鯨；秋天大量進食浮游性植物、小蝦與小魚，以儲存養分；十一月再游到寒冷的水域；冬天幾乎沒有進食。多賓為保護座頭鯨長期努力，但一直不滿意成果。這些都是重要的認識，但是大多數的人只在乎如何獵捕座頭鯨，而非認識座頭鯨生長的所需。

他對外發表座頭鯨的遷移路徑，期待船隻避開座頭鯨迴游的區域。外界卻將這些資料當做更容易獵殺座頭鯨的資訊。他期待成立座頭鯨的安全水域，結果吸引更多賞鯨船前來。賞鯨船的引擎成為在水中傳播的噪音，干擾座頭鯨聞聲辨位。結果，一隻隻座頭鯨迷失在海洋中，孤單的死亡。多賓向外界呼籲：「我們若要看座頭鯨出現，背後必須有百年的努力。鯨魚觀賞者，要了解鯨魚的習性與需求，不是為觀賞而觀賞。」

一九七二年，澳洲才訂定禁止捕獵座頭鯨的規定，但是偷捕者多，效果有限。多賓認為：「捕鯨盛行的地方，若改成正確賞鯨的所在，能帶給漁民另一種收益。遠距離的觀察，才是賞鯨的正確方式。」

座頭鯨的保育價值

他一生所有的研究都是自費。海洋生物學不是熱門的領域，澳洲政府始終不認為座頭鯨有多重要。百年來，各國政府、企業、海產業，從海洋生物身上獲得很多利益，卻很少回饋投資於海洋知識的探索。他為全球共有的資源——座頭鯨默默付出，他寫道：「座頭鯨是各國海上共有的資源，牠們是有智慧的生命，應該讓牠們在海上享有更多的安全與自由。」

多賓的研究，對於海洋鯨類學有幾個貢獻：第一，人類對於座頭鯨不再是完全的無知，以致傷害牠們也不自知；第二，座頭鯨需要保護，人類不能只為獲得鯨油與鯨肉而不斷獵殺，如此將使這種鯨魚滅絕；第三，座頭鯨的歌聲可以幫助人類了解鯨魚的世界、遷移、飼食等；第四，座頭鯨的歌聲可以讓人了解海面下的世界，如洋流的運動等。

一九八七年，多賓也用水下錄音研究海豚的語言，嘗試了解不同種類海豚的語言，但因為海豚的叫聲比座頭鯨複雜，所以他的成果有限。他轉而研究紐西蘭的海蛇，他記錄海蛇游動時的聲音，來判斷海蛇的活動區域。他發現海蛇大都在白天活動，偏好較熱的海域，以礁岩的魚類為主食，會利用海流運動，游來較為省力。他也發現海蛇非常挑食，只吃固定的幾種魚類。所以海蛇大都分散，避免海域的重疊。多賓寫道：「不要以為魚游來游去只是無意義的活動，或頂多是為了求偶與覓食。要保持好奇，持續探索，才能更了解海洋生物的世界。」

科學研究者的眼光

多賓被普世稱為「座頭鯨的知音」，他卻寫道：「除非真心愛你所關心的生物，否則不要去研究。」多賓常為找不到座頭鯨而難過，不是擔心研究做不出來，而是擔心太多座頭鯨受傷、死亡，成群消失在大海中。他說：「我的研究熱忱引導我去尋找座頭鯨，就像座頭鯨的本能引導牠到較熱的海域去尋找食物。我們要有熱忱，才能有研究的發現。光是一時的好奇，還不足以從事海洋生物的工作，要長期投入，才會有結果。」

多賓把一生研究的成果都贈送給澳洲雪梨博物館，以分享給更多人，並且把成就歸功於與他合作的夥伴和學生。他寫道：「科學研究的榮譽，若只歸給一個人，就不能持續。」「海下錄音，尚不是調查座頭鯨最好的方式，因為許多雌的座頭鯨不發聲。所以我的研究方法只是初步而已。」

座頭鯨之歌，仍然有許多待解之謎。到了二十世紀後期，科學家才發現座頭鯨的嘴唇下方有個腔管（phonic lip），腔管一直轉到頭部的上方，腔管內有許多音瓣，座頭鯨正是利用這個發聲器官發出各種不同的聲音。

座頭鯨的知音

由於水的密度比空氣高，聲音在水中的傳遞比在空氣中快了約四倍，加上座頭鯨的游速、游向不同，也會影響聲音傳播的音效，所以光用錄音的方法，的確不夠。

二十一世紀，有人想編座頭鯨之歌，用類似音頻來與座頭鯨溝通，但尚未成功。如今，全球有更多人關心座頭鯨的唱歌，這應該感謝多賓的努力。

一九九二年，多賓中風，再也不能出海了。他看到新一代的海洋生物學家多留在陸地上做研究，不想出海，這讓他感到憂心。他徒有研究座頭鯨權威之名，世界上的座頭鯨卻一直在減少，他失望至極。他的妻子是個圖書館員，邀他一起考證紐西蘭毛利人的捕鯨法。晚年，他經常坐在輪椅上，眺望著紐西蘭的海面，數算座頭鯨，直到夜幕低垂。

他晚年說：「認識座頭鯨，是上帝給我最好的禮物。讓我了解這些大型的生物，在大海中游來游去，是有其意義的。」

【後記】

晚霞歸帆載滿愛

有誰聽到海洋在哭泣？
有誰聽到海裡的生物在嘆息？
有誰聽過許多臨海的國家，
沒有海洋文化，
只有海鮮文化？
人類對海洋的認識，對海洋生物的關心，
彷如北極海上的冰層，長期被遮蓋。
願有人努力，
在冰層上打一個小洞，
讓人可以透過它，看到
底下有個何等美好的世界。

海洋生物的保育史，是一些有夢想的人，與一堆貪婪的人在拉鋸。過去兩、三百年內，海洋環境竟持續劣化。

海洋劣化的主因

到了二十一世紀，海洋生物持續減少，造成的原因有：

一、海洋珊瑚礁岩的白化與破壞。

二、海洋的汙染（農藥、都市汙水、工業汙水、重金屬、垃圾、塑膠袋、藥物、懸浮性顆粒、清潔劑、漏油、與海底核爆等）。

三、海岸的破壞，港口過多，與海岸水泥防波堤化。

四、潮間帶的破壞，海灘的流失。

五、濱海植物紅樹林、蘆葦等植物被濫砍。

六、海水底層缺乏氧氣。

七、人類過度的濫捕海洋生物。

八、海洋魚類的傳染病。

九、外來種的入侵。

十、海洋淺層水質過多肥沃，導致浮游性藻類滋生，產生「藻華」（algae bloom）現象。

十一、海上漏油。

十二、海濱做為垃圾掩埋場、工業區、旅館、住宅區。

十三、海濱石化廠、火力發電廠、焚化場等燃燒產生煙煤，掉落海中，導致海水水質酸化，與排放較高溫的水進入海中。

十四、船隻引擎或海上施工，產生的水下噪音。

十五、氣候變遷。

在冰原上打洞的老師

這本書中只介紹了劣化海洋原因中的十五項，我無意寫一本包括每一個項目的書籍，只想告訴孩子與學生，有智慧的管理海洋，是人類的天職，然而人類做得很差。

海洋生物的保育史上，有些很有貢獻的人並不很有名，是大部分課本或坊間書籍從未提過的人物。他們默默的為海洋生物保育而努力，使他們的一生像是晚霞歸帆，精采豐富。不是載滿捕來的海洋生物，而是充盈關於海洋學的知識，與對海洋的愛。

至於我，我只在漠視海洋的冰原上，給孩子打幾個洞而已。

參考資料

第1章

1. Dampier W., 1699. A New Voyage Round the World, From 1679 to 1691. James Knapton. U.K.
2. Bonner, W. H., 1934. Captain William Dampier. Stanford University Press. U.S.A.

第2章

1. Gosse, P.H., 1865. A Year at the Shore. Alexander Strahan Publishers. U.K.
2. Thwaite, A., 2002. Glimpses of the Wonderful: The life of Philip Henry Gosse, 1810-1888. Faber & Faber Co. U.S.A.
3. King, A.M.,2005. Reorienting the Scientific Frontier: Victorian Tide Pools and Literary Realism. Victorian Studies. Vol.47. No.2.pp.153-163.
4. Gosse, P.H. 1860. A History of the British Sea-Anemones and Corals. Van Voorst, Paternoster Row. U.K.

第3章

1. Elliott, H.W., 1884. Seal Islands of Alaska. Department of the Interior. U.S.A.

2. Osburn, R. C., 1914. The Fur Seal Inquiry, the Congressional Committee and the Scientist. Science. Vol.40. No.1033. PP. 557-558.

3. Dawson, G. M., and H.W. Elliott. 1886. Elliott's Alaska and the Seal Island. Science. Vol.8. No.202. Pp.565-566.

4. Veltre, D. W., and A.P McCartney. 2002. Russian exploitation of Aleuts and fur seals: the archaeology of eighteenth-and early- nineteenth- century settlements in the Pribilof Islands, Alaska. Historical Archaeology. Vol.36. No.3. PP.8-17.

第4章

1. McCiam, L., 1943, Mary Jane Rathbun. Science. Vol.97. No.2524. pp.435-436.

2. Schmitt, W. L., 1971. Mary J. Rathbun. Crustaceans Vol.24. pp.283-297.

3. Rathbun, M. J., Fossil Crustacea of the Atlantic and Gulf Coastal Plain Geological Society of America Special Papers No.2.

第5章

1. Chamber, R.C., and E. Trippel. 1997. Early Life History and Recruitment in Fish Population. Chapman & Hall. U.K.
2. Roberts. P. W. C., 2010. A Frozen Field of Dreams : Science, Strategy, and the Antarctic in Norway, Sweden, and the British Empire, 1912-1952. Dissertation of the Department of History of Stanford University.
3. Handy, H. C., 1950. John Hjort, 1869-1948. Obituary Notices of Fellow of the Royal Society. Vol.7. NO.19. pp.167-181.

第6章

1. Matless, D., 2014. In the Natural of Landscape: Cultural Geography on the Norfolk Broads, Wiley Blackwell, U.S.A.
2. Conan, M., 2007. Sacred Gardens and Landscapes: Ritual and Agency. Harvard University Press. U.S.A.
3. Heggen, R., 2015. Floating Islands: An Activity Book. Personal Publication. U.S.A.
4. Cameron, L., and D. Matless. 2003. Benign ecology: Marietta Pallis and the

floating fen of the data of the Danube, 1912-1916. Cultural Geographies. Vol.10. No.3. PP.253-277.

第7章

1. The Royal Geographical Society. 1974. Obituary: Neil Alison Mackintosh. The Geographical Journal. Vol.140. No.3. PP.524-525.

2. Egerton, F.N., 2014. History of ecological sciences, part 51: formalizing marine ecology, 1870s to 1920s. Bulletin of the Ecological Society. Vol.95. No.4. PP.347-430.

3. Norris, E.S. (Editor), 1966. Whales, Dolphins, and Porpoises. University of California Press. U.S.A.

4. Tonnessen, J.N. and A.O. Johnsen. 1982. The History of Modern Whaling. University of California Press. U.S.A.

第8章

1. Prokopovich, N.P., 1966, Ecological sampler for soft sediments. Ecology. Vol.47. No.5. PP.856-858.

2. Prokopovich, N.P., and M.J.Marriott. 1983. Cost of subsidence to the Central Valley Project, California. Association of Engineering Geologist. Vol.20. No.3.PP.325-332.

3. Prokopovich, N.P., 1964. Organic Life, Particularly Asiatic Clams, in the Delta-Mendota Canal, Central Valley Project, California. Bureau of Reclamation. U.S.A.

第9章

1. The Society for Marine Mammalogy. 1988. Memories-William H. Dawbin. Marine Mammal Science. Vol.12. No.4. pp.904-907.

2. Dawbin, W. H., 1966. The Seasonal Migratory Cycle of Humpback Whales. Whales, Dolphins, and Porpoises. Chapter 9. pp.145-169. University of California Press. U.S.A.

3. Darby, A., 2008. Harpoon: Into the Heart of Whaling. Da Capo Press. U.S.A.

國家圖書館出版品預行編目（CIP）資料

有誰聽到座頭鯨在唱歌／張文亮著；蔡兆倫繪.
-- 初版. -- 新北市：字畝文化創意, 2016.11
面； 公分
ISBN 978-986-93693-3-6（平裝）
1.科學家 2.通俗作品

309.9　　105020743

Learning 002

有誰聽到座頭鯨在唱歌

九位先驅科學家的海洋保育故事

作　　者／張文亮
繪　　者／蔡兆倫

社　　長／馮季眉
編輯總監／周惠玲
責任編輯／吳令葳
編　　輯／戴鈺娟、李晨豪、徐子茹
封面設計／林佳慧、蔡兆倫
美術編輯／林佳慧
照片提供／張文亮
編輯協力／李承芳
出　　版／字畝文化
發　　行／遠足文化事業股份有限公司
地址：231 新北市新店區民權路 108-2 號 9 樓
電話：(02)2218-1417　　傳真：(02)8667-1065
電子信箱：service@bookrep.com.tw
網址：www.bookrep.com.tw
郵撥帳號：19504465 遠足文化事業股份有限公司
客服專線：0800-221-029

讀書共和國出版集團
社　　長／郭重興
發行人兼出版總監／曾大福
印務經理／黃禮賢
印務主任／李孟儒

法律顧問／華洋法律事務所　蘇文生律師
印　　製／中原造像股份有限公司

2016 年 11 月 23 日　初版一刷　定價：300 元
2021 年 2 月　　初版十一刷
ISBN 978-986-93693-3-6